Verständliche Wissenschaft Band 114

Erich Thenius

Meere und Länder im Wechsel der Zeiten

Die Paläogeographie als Grundlage für die Biogeographie

Mit 74 Abbildungen

Springer-Verlag
Berlin · Heidelberg · New York 1977

Herausgeber der Naturwissenschaftlichen Abteilung
Prof. Dr. KARL V. FRISCH, München

Dr. phil. ERICH THENIUS
o. Prof. für Paläontologie und Vorstand
des Paläontologischen Institutes an der Universität Wien
Universitätsstraße 7/II
1010 Wien (Österreich)

Umschlagbild: Abb. 61, Seite 150
Umschlagentwurf: W. EISENSCHINK, Heidelberg

ISBN-13: 978-3-540-08208-8   e-ISBN-13: 978-3-642-95300-2
DOI: 10.1007/978-3-642-95300-2

Library of Congress Cataloging in Publication Data. Thenius, Erich. Meere und Länder im Wechsel der Zeiten. (Verständliche Wissenschaft ; Bd. 114) Bibliography: p. Includes indexes. 1. Paleogeography. 2. Geographical distribution of animals and plants. I. Title. II. Series. QE651.T47   551.7   77-4741

2131/3130-543210

Dem Andenken an Alfred Wegener,
dem Begründer der Kontinentalverschiebungstheorie,
gewidmet

Vorwort

Die in den letzten zwei Jahrzehnten erzielten Ergebnisse der Geophysik, Ozeanographie, Geologie und Paläontologie haben zu einer Revolution der Ansichten über die Entstehung der Ozeane und Kontinente und damit über die geographische Entwicklung in der Vorzeit geführt. Diese neuen Erkenntnisse sind in ihrer Bedeutung und Tragweite durchaus jenen der Weltraumforschung und dem durch die Mondlandungen gewonnenen Wissensfortschritt vergleichbar. Allerdings erfolgten sie – da nicht so spektakulär – fast unbemerkt von der Öffentlichkeit. Die intensive Erforschung der Ozeane, die mehr als zwei Drittel der Erdoberfläche einnehmen, hat bisher Erkenntnisse geliefert, die für zahlreiche Disziplinen der Erdwissenschaften befruchtend und stimulierend wirken, und deren endgültige Auswertung noch Jahre benötigen wird. Diese Befunde und Erkenntnisse sind nicht nur für die eigentliche Paläogeographie, sondern auch für die Paläoklimatologie und darüber hinaus für die Pflanzen- und Tiergeographie von besonderer Wichtigkeit. Freilich werden nicht alle Interpretationen von Befunden durch die jeweiligen Fachvertreter anerkannt. Dies ist jedoch für sämtliche Sparten der Wissenschaft charakteristisch. Haben doch Hypothesen und Theorien vielfach erst die Diskussion bestimmter Probleme in Gang gesetzt und damit die intensive Beschäftigung überhaupt veranlaßt.

Da die bisherigen Befunde und deren Interpretation in Form von Hypothesen und Konzepten in zahlreichen Einzelpublikationen in den verschiedensten wissenschaftlichen Fachzeitschriften verstreut veröffentlicht wurden, die selbst für den Fachmann nur mehr schwer zu überblicken sind, wurde im vorliegenden Büchlein der Versuch gemacht, einem interessierten Leserkreis in allgemeinverständlicher Form die faszinierenden Ergebnisse der paläogeographischen Forschung samt ihren Methoden zu vermitteln und zugleich ihre Bedeutung für die Biogeographie aufzuzeigen. Mit der Verknüpfung dieses Themenkreises mit der Biogeographie entspricht der Unterzeichnete zugleich einem Wunsch des Herausgebers der Naturwissenschaftlichen Abteilung der Schriftenreihe „Verständliche Wissenschaft", Herrn Prof. Dr. KARL VON FRISCH. Diese Verbindung erscheint umso eher gerechtfertigt, als die neuen Vorstellungen geeignet sind, zur Klärung zahlreicher Probleme der Biogeographie beizutragen.

Es erscheint verständlich, daß in diesem Rahmen nur eine Auswahl von Beispielen gebracht werden kann, sowohl was die paläogeographische Entwicklung der Ozeane und Kontinente, als auch die Biogeographie betrifft.

Sollte jedoch durch dieses Büchlein das Interesse eines größeren Leserkreises an diesen Themen der Erd- und Biowissenschaften geweckt werden, so ist der Zweck dieser Publikation erreicht. Der im Jahr 1932 im Rahmen dieser Reihe erschienene Band „Meere der Urzeit" von F. DREVERMANN ist seit Jahren vergriffen. Er berücksichtigt vor allem die marine Fauna und ihre erdgeschichtliche Entwicklung. Er ist durch die neuen Erkenntnisse weitgehend überholt.

Für verschiedene Hinweise und für Überlassung von Literatur bin ich den Herren Prof. Dr. W. KLAUS und Doz. Dr. F. STEININGER, Paläontologisches Institut der Universität Wien, ferner Dr. H. KOLLMANN und Dr. F. RÖGL, Naturhistorisches Museum Wien, zu Dank verpflichtet. Herr B. GRUBER war bei der Literaturbeschaffung behilflich. Für die Überlassung von Fotos bin ich den Herren Hofrat Prof. Dr. F. BACHMAYER, Wien, Prof. Dr. W. KLAUS, Wien, Prof. Dr. H. KÜPPER, Wien, Prof. F. J. PETTIJOHN, Baltimore, Prof. Dr. H.-E. REINECK, Wilhelmshaven, Prof. Dr. E. SEIBOLD, Kiel, Prof. Dr. A. SEILACHER, Tübingen, Doz. Dr. F. STEININGER, Wien, Prof. Dr. A. TOLLMANN, Wien und Prof. Dr. H. ZAPFE, Wien, zu Dank verpflichtet. Mein Dank gilt ferner Frau M. TSCHUGGUEL, die auch diesmal in bewährter Weise die Reinschrift des Manuskriptes besorgte, sowie Frau E. NEUBAUER für die Anfertigung von Zeichnungen und Herrn Ch. REICHEL für Fotoarbeiten.

Dem Herausgeber, Herrn Prof. Dr. K. VON FRISCH, München, danke ich für sein Vertrauen, dem Verlag für die Ausstattung des Bandes.

Wien, im Winter 1976/77   ERICH THENIUS

Inhaltsverzeichnis

I. Einleitung

Definition des Begriffes Paläogeographie

Was versteht man unter Paläogeographie? Die Paläogeographie befaßt sich mit der Geographie der „Vorzeit", wie wir die Zeit vor der geologischen Gegenwart (= Holozän) bezeichnen wollen. Damit ist der zeitliche Rahmen abgesteckt, in dem sich der Paläogeograph bewegt. Es wird also in diesem Rahmen nicht von Atlantis die Rede sein, von dem PLATON vier Jahrhunderte v. Chr. ausführlich berichtete, fällt doch der Untergang von Atlantis in die geologische Gegenwart: ein Ereignis, das von A. G. GALANOPOULOS nach geologischen und archäologischen Befunden mit dem Ausbruch des Santorin (= Thera) vor mehr als 3000 Jahren in der Ägäis und seinen Folgeerscheinungen (Aschenregen, Flutwellen) in Zusammenhang gebracht wird. Die Arbeitsbereiche des Paläogeographen sind recht vielfältig und reichen von der rein geomorphologisch-sedimentologischen Auswertung bis zur Erfassung des klimatologischen Geschehens und der biogeographischen Aspekte in der Vorzeit. Damit ist zugleich aufgezeigt, daß nur die Zusammenarbeit der verschiedensten Sparten der Erdwissenschaften, die etwa von der Petrologie über die Geologie (mit ihren zahlreichen Teilgebieten), Geomorphologie, Geophysik und Paläontologie bis zur Ozeanographie, Chemie, Physik, Meteorologie und Astronomie reichen, zu einem Gesamtbild der Geographie der Vorwelt, zur Paläogeographie führen kann. Daß dieses Ziel wohl nie ganz erreicht werden kann, erscheint verständlich, machen doch dauernde Wissenslücken ähnlich wie in der Paläontologie mit der Fossildokumentation die Aussage über bestimmte Bereiche unmöglich.

Aber selbst unter Berücksichtigung der Tatsache, daß dieses Bild lückenhaft ist und auch bleiben wird, ist gegenwärtig eine derartige Fülle von Befunden bekannt, die nicht nur eine bloße Beschreibung und Schilderung von Zuständen zulassen, sondern auch

Aussagen über vermutliche Ursachen bzw. Gesetzmäßigkeiten verschiedener Vorgänge ermöglichen. Es sei in diesem Zusammenhang nur an das Auftreten von Eiszeiten in der Vorzeit und ihre vermutlichen Ursachen sowie an den Problemkreis Kontinentaldrift oder Konstanz der Ozeane erinnert. Allerdings erfolgt die Interpretation von Befunden nicht einheitlich. Dies ist meist auch der Grund für unterschiedliche Auffassungen über verschiedene Probleme. Sie sollen in diesem Rahmen nur kurz aufgezeigt und diskutiert werden.

Arbeitsgebiete der Paläogeographie

Versucht man das weite Arbeitsgebiet der Paläogeographie zu unterteilen, so bietet sich folgende Gliederung an:

1. *Paläogeographie* (i. e. S.), die sich mit der Erfassung der einstigen Verteilung von Land und Meer, mit der damaligen Topographie der Erdoberfläche, mit ihren Gebirgen, Flüssen und Seen (Paläolimnologie), mit der Ausbildung und Tiefe der Meere, mit den Meeresströmungen (Paläoozeanographie) u. dgl. befaßt.

2. *Paläoklimatologie,* die sich mit dem Klima der Vorzeit beschäftigt und Aussagen, über die einstigen Klimazonen bzw. etwaige Eiszeiten, sei es auf dem Wege über anorganische (z. B. Bodenbildungen, Tillite) und organische Klimazeugen (fossile Tiere und Pflanzen), sei es durch sog. Paläotemperaturmethoden zu machen versucht. Auch Angaben über Windrichtungen, Niederschläge (z. B. Trocken- und Regenzeiten) und Wüstenbildungen in der Vorzeit zählen zu diesem Arbeitsgebiet, zu dem man verschiedentlich auch jenen Bereich zählt, der sich mit der Entstehung der Erdatmosphäre befaßt.

3. *Paläobiogeographie,* welche die räumliche Verbreitung der Organismen in der Vorzeit registrieren und zu deuten versucht. Sie ist zugleich Teilgebiet der Paläontologie, der Wissenschaft von den Lebewesen der Vorzeit (s. Verständl. Wiss. Bd. 81, 1972).

Als eigenen, mit mehreren Teilgebieten der Paläogeographie (i. w. S.) verflochtenen Arbeitsbereich kann man schließlich noch die *Paläoastronomie* abtrennen, die sich mit der Lage der Erdachse, etwaigen Erdtrabanten bzw. Änderungen der Rotationsgeschwindigkeit der Erde in der Vorzeit beschäftigt.

2

Damit ist angedeutet, daß hier weder eine historische Übersicht über die Entwicklung der Paläogeographie gegeben werden soll, noch ein rein chronologischer Abriß der Geschichte der Meere und Festländer während der Vorzeit. Vielmehr ist der Versuch gemacht worden, unterstützt durch konkrete Beispiele, einen Einblick in die Arbeitsmethoden, Befunde und Ergebnisse der Paläogeographie und damit zugleich in die Vielfalt der Aussagen und Probleme zu vermitteln, sowie die Bedeutung dieses Fachgebietes für zahlreiche Nachbarwissenschaften aufzuzeigen.

Die Paläogeographie als interdisziplinäre Wissenschaft

Die Paläogeographie ist gegenwärtig ein typisches Beispiel für die interdisziplinäre Forschung, deren Ergebnisse nur durch entsprechende Zusammenarbeit verschiedenster Fachgebiete erzielt werden können. Da paläogeographische Untersuchungen laufend durchgeführt werden, kommt es zu einer ständigen Vermehrung von Befunden, die der einzelne in ihrer Gesamtheit nur mehr schwer überblicken und damit auch kaum auf den neuesten Stand bringen kann.

Bevor jedoch auf Befunde und Ergebnisse der Paläogeographie eingegangen sei, sollen einige Beispiele aus der geologischen Gegenwart eine Art Brücke zum vorzeitlichen Geschehen schlagen, sowie in einem weiteren Kapitel einige Probleme, die sich aus der heutigen Verbreitung von Tieren und Pflanzen für die Paläogeographie ergeben, aufgezeigt werden. Sie konfrontieren uns zugleich mit Grundfragen der Paläogeographie, nämlich mit der Kontinentaldrift und den vorzeitlichen Eiszeiten, sowie mit dem Wechsel von geokraten (Zeiten der Regression) und thalattokraten Perioden (Zeiten von Meerestransgressionen, also Überflutungen weiter Gebiete).

II. Veränderungen in geschichtlicher und prähistorischer Zeit

Ozeane und Kontinente erscheinen dem Menschen ebenso unveränderlich wie Gebirge und Tiefländer. Die Lebensdauer des Menschen ist meist zu kurz, um etwaige Vorgänge, die zu Veränderungen führen, mit bloßem Auge registrieren zu können. Lediglich mit Hilfe genauer Meßgeräte lassen sich derartige Veränderungen feststellen. Hat man Gelegenheit, die Beobachtungszeit etwa über mehrere Generationen zu erweitern, so zeigt sich, daß sowohl Meere wie Festländer, also auch Gebirge und Tiefländer durchaus einem Geschehen unterworfen sind, das über längere Zeitspannen hinweg fortgesetzt zu richtigen Umwälzungen führen kann. Schon daraus wird ersichtlich, welche Bedeutung der Faktor Zeit besitzen kann. Eine Erkenntnis, die zugleich mit einer für den Paläogeographen grundsätzlichen Frage verbunden ist, nämlich, ob das vorzeitliche Geschehen durch gegenwärtig beobachtbare Vorgänge hinreichend erklärt werden kann oder nicht. Mit anderen Worten: Hat das Aktualitätsprinzip Gültigkeit oder nicht? Dieses Prinzip, das durch K. A. E. VON HOFF im Jahre 1822 erkannt und von dem berühmten englischen Geologen CHARLES LYELL zur Erklärung vorzeitlichen Geschehens erstmals praktisch ausgewertet worden ist, hat auch gegenwärtig seine Bedeutung als Grundprinzip nicht verloren, wenngleich auch nicht sämtliche Vorgänge in der Vorzeit damit erklärt werden können. Damit ist bereits zum Ausdruck gebracht, welche Bedeutung gegenwärtigen Beobachtungen zukommt.

Abgesehen von den Vorgängen, wie sie als Erosion zur ständigen Abtragung von Gebirgen und dgl. durch Gewässer, Gletscher oder Wind (Deflation) beitragen und zur Ablagerung von Schutt, Schotter und Sanden in tiefer gelegenen Gebieten führen, lassen sich eine Reihe weiterer Geschehnisse beobachten, die — langfristig gesehen — durchaus zu paläogeographisch registrierbaren Vorgängen führen können.

Vulkane und Vulkan-Inseln

Vor wenigen Jahren konnte die Öffentlichkeit die Geburt einer Vulkan-Insel auf den Bildschirmen miterleben. Es ist die Insel Surtsey (benannt nach dem Feuergott Surtr), die sich etwa 30 km südlich von Island im November 1963 als submariner Vulkan in 130 m Meerestiefe zu bilden begann (Abb. 1) und die gegenwärtig — nach Aufhören der vulkanischen Tätigkeit im Jahre 1967 — eine Fläche von etwa 240 ha umfaßt und bei einer Länge von ca.

Abb. 1. Die 1963 entstandene Vulkan-Insel Surtsey südlich von Island. (Foto Bild-
agentur Votava, Wien)

1,8 kam eine maximale Höhe von über 150 m mit zwei Kratern erreicht. Sie besteht aus vulkanischen Schlacken und Aschen sowie
aus Lava. Im Süden und Westen wird die Insel zwar durch die
Brandung am Rande etwas zerstört, an der Nordspitze hingegen
kommt es durch die Meeresströmung zur Anlandung von Sand und
damit zu einem Zuwachs. Die Insel Surtsey liegt nur 20 km von
der Insel Heimaey entfernt, die erst im Jahre 1973 durch die mit La-
vaergüssen und Aschenregen verbundene vulkanische Tätigkeit des
Helgafjeld von sich reden machte. Beide Inseln gehören den südlich von Island gelegenen Westmännerinseln (=Vestmannaeyjar)
an, die in der südöstlichen Fortsetzung der zentralen aktiven Vul-
kanzone Islands gelegen sind.

Auch in anderen Gebieten wirkte vulkanische Tätigkeit in kurzer Zeit landschaftsverändernd. So konnte man im Jahre 1943 in
Mexiko innerhalb weniger Wochen die Entstehung des etwa 700 m
hohen Vulkankegels Paricutin erleben. Die Lavaströme am Ätna in
Sizilien oder an den bekannten Schildvulkanen von Hawaii im Pazi-

fischen Ozean, die — wie auch an anderen tätigen Vulkanen —
meist in Abständen von mehreren Jahren zu beobachten sind, führen jedoch nur selten zu derart spektakulären Ereignissen.

„Wandernde Inseln", Verwerfungen und Flußdeltas

Aber nicht nur vulkanische Tätigkeit wirkt landschaftsverändernd. Jedem, der mehrere Jahre hindurch die Nordsee besucht hat,
sind die „Wandernden Inseln" im Wattbereich der südlichen
Nordsee bekannt. Diese ostfriesischen Inseln verlagern sich durch
die längs der Küste verlaufende Meeresströmung, sofern der
Mensch dies nicht durch Kunstbauten verhindert. Die ostwärts ge-

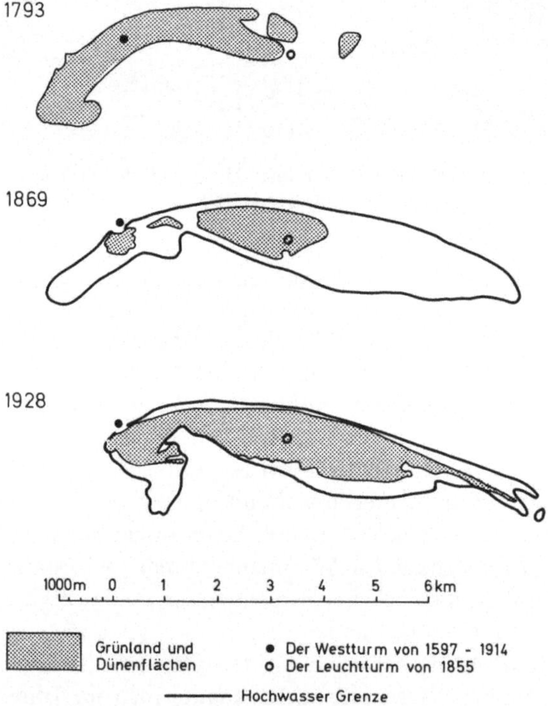

Abb. 2. Die ostfriesische Insel Wangerooge als Beispiel einer „wandernden" Insel.
Beachte strömungsbedingte Verschiebung der Insel durch Sandversatz nach Osten.
(Nach GERMAN, 1970, verändert umgezeichnet)

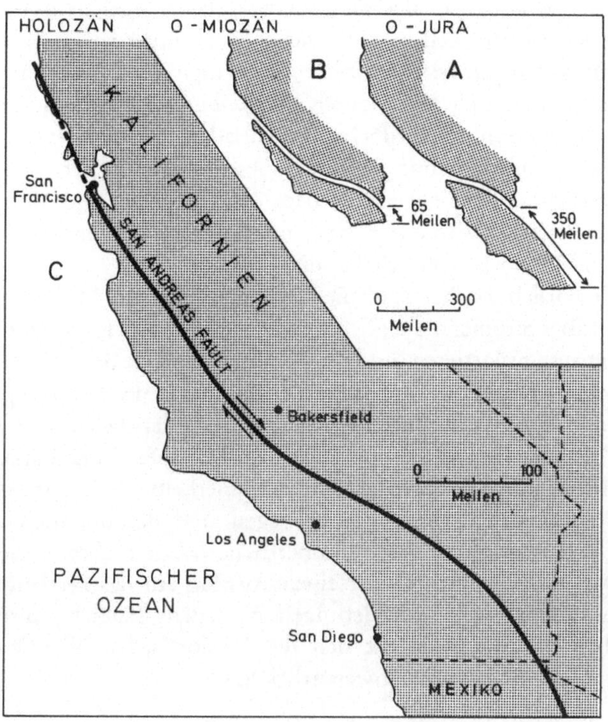

Abb. 3. Die San-Andreas-Blattverschiebung in Kalifornien als Bebenlinie. *Pfeile* = Richtung der Verschiebung. *A*: Oberjura; *B*: Jungmiozän; *C*: gegenwärtig. (Nach KAY und COLBERT, 1967, verändert umgezeichnet)

richtete Meeresströmung führt zu einer Ostwanderung, indem die aus Lockermaterial bestehenden Inseln westseitig von der Strömung abgebaut, ostseitig jedoch aufgebaut werden. Dies führte im Lauf der vergangenen Jahrzehnte zu einem „Wandern" dieser Inseln. Besonders bekannt ist die Wanderung der Insel Wangerooge, deren derzeitiger Westturm noch vor zwei Jahrhunderten inmitten der Insel gelegen war (Abb. 2).

Wie dieses „Wandern" von Inseln erst über eine längere Beobachtungszeit hinweg faßbar wird, so kann man auch am Festland ein ähnliches Geschehen registrieren. Das bekannteste ist wohl die San-Andreas-Verwerfung in Kalifornien, eine horizontale oder

Blattverschiebung, bei der sich der westliche Flügel in nordwestlicher, der östliche Teil in südöstlicher Richtung bewegt (Abb. 3). Diese Bewegungen betragen zwar nur wenige Zentimeter im Jahr, doch stauen sie sich meist durch die Reibung auf, um sich dann plötzlich in Form von Erdbeben zu entladen, wie es etwa im Jahr 1906 San Francisco betraf. Während dieses Erdbebens verschob sich der westliche Flügel gegenüber dem östlichen um 7 m. Von derartigen Blattverschiebungen und ihren Ursachen wird in Kapitel V und VI noch ausführlicher die Rede sein.

Wesentlich rascher sind die Veränderungen im Mündungsbereich großer Ströme, die täglich riesige Mengen von Kies, Sand und Schlamm transportieren und in Deltas ablagern. Bei zahlreichen Flußdeltas werden Zuwachs bzw. Verlagerungen der Mündungsäste des Stromes seit Jahrzehnten registriert. Besonders bekannt sind sie vom Po, Nil und Mississippi. Sie können, sofern die Flüsse im Schelfbereich der Kontinente münden, innerhalb relativ kurzer Zeit zur Vergrößerung des Deltas beitragen und dokumentieren zugleich den Abtrag der Festlandsoberfläche durch fließende Gewässer. Damit wollen wir wieder einen Ausflug auf das Festland machen und uns nach Veränderungen in diesem Bereich umsehen. Wie bereits erwähnt, wirkt sich die Erosion selbst über längere Zeitspannen hinweg nur unwesentlich aus.

Gletscherschwankungen

Viel augenfälliger sind Gletscherschwankungen, die jeder aufmerksame Bergsteiger registrieren kann, sei es, daß er eine vergletscherte Gebirgsgruppe mehrere Jahre hindurch besucht und die jeweiligen Gletscherstände im Bild festhält, sei es, daß er die einstigen Gletscherspuren vor den heutigen Gletscherzungen zu deuten vermag. In den Ostalpen war in den letzten Jahren fast durchwegs ein Rückgang der Gletscher festzustellen, der meist zur Freilegung von Gletscherschliffen führte. Gletschervorstöße sind nur vereinzelt zu registrieren. Wir wollen hier nicht auf die Ursachen derartiger Gletscherschwankungen eingehen, doch ist ein Zusammenhang mit dem Klima zweifellos vorhanden. Gletscherschwankungen sind aus historischer Zeit wiederholt bekannt geworden. Nicht nur alte Gletscherdarstellungen, auch das Ausapern von Stolleneingängen

Abb. 4. Der Rhônegletscher. *Oben:* gegenwärtige Situation; *unten:* Gletscherstand in der Mitte des vorigen Jahrhunderts

einstiger Goldbergwerke im Bereich von heutigen Gletscherzungen, wie es etwa in den Hohen Tauern der Fall ist, dokumentieren dies. So endete der Pasterzen-Gletscher des Großglockners in den Hohen Tauern um 1560 unterhalb der heutigen Hofmannshütte, die etwa 1,5 km vom gegenwärtigen Gletscherende entfernt ist, während er 1856 mehr als 2 km weit über das heutige Gletscherzungenende bis in den Bereich des Magritzenbodens vorstieß. Ursache dafür waren die sog. „kleine Eiszeit" vor 1700 sowie Klimaverschlechterungen zwischen 1785 und 1856, die verschiedentlich mit großen Vulkanausbrüchen und deren Staubschleiern in der Stratosphäre in Zusammenhang gebracht werden.

Im allgemeinen erreichten die Alpengletscher in der Mitte des vorigen Jahrhunderts ihre größte Ausdehnung, an welche heute noch die recht frischen Gletscherwälle (Moränen) vor oder seitlich der gegenwärtigen Gletscherzungen erinnern (Abb. 4). Seither ist es zu einem — nur von kleineren Vorstößen unterbrochenen — Rückgang gekommen.

Auch auf der Südhemisphäre ist ein Gletscherrückgang feststellbar, wie etwa die bekannten Franz-Joseph- und Fox-Gletscher auf der Südinsel von Neuseeland zeigen. Der Rückgang des Franz-Joseph-Gletschers betrug zwischen 1935 und 1963 ungefähr 1200 m, beim Fox-Gletscher im gleichen Zeitraum 1800 m. Das weitaus spektakulärere periodische Ausfließen von Gletschern, wie es aus dem Karakorum, Pamir und dem Himalaya ebenso wie aus Alaska bekannt geworden ist, soll hier nur erwähnt werden, da es sich um Sonderfälle handelt, die nur unter bestimmten Bedingungen eintreten. Der Gletscher schiebt sich dabei innerhalb kurzer Zeit um etliche Kilometer vor, während es normalerweise bei großen Gletschern an der Oberfläche etwa 100 m pro Jahr sind.

Austrocknende Seen und Landstriche

Nicht minder spektakulär sind Ereignisse, die zur Austrocknung von Seen oder ganzen Landstrichen führen, wie es z. B. für den einzigen Steppensee Mitteleuropas, den Neusiedlersee im Grenzgebiet von Österreich und Ungarn, im vorigen Jahrhundert zutraf, oder auch — allerdings erst in den letzten Jahren — für die sog. Sahelzone im Süden der Sahara gilt. Der Neusiedlersee, der gegenwärtig bei einer Breite von maximal 12 km eine Gesamtlänge von 35 km (einschließlich des Schilfgürtels) erreicht, hat eine offene Wasserfläche von etwa 175 km^2. Seine durchschnittliche Tiefe beträgt zwar nur 1,5 m, doch dürfte die gesamte Wassermenge nach H. LÖFFLER bei 200 – 250 Millionen Kubikmetern liegen. In den sechziger Jahren des vorigen Jahrhunderts war der Neusiedlersee völlig ausgetrocknet, nachdem bereits im 18. Jahrhundert äußerst niedrige Wasserstände registriert worden waren. Von 1870 an füllte sich die Seewanne wieder bis zu einem Höchststand im Jahr 1883. Die seitherigen Schwankungen haben jedenfalls nicht mehr zur völligen Austrocknung geführt.

Einen analogen Fall bietet die Sahelzone. Durch das jahrelange Ausbleiben von Regenfällen in den frühen siebziger Jahren verwandelte sich die einstige Gras- und Savannenlandschaft weitgehend in eine öde Wüste, wodurch der einheimischen Bevölkerung die Lebensgrundlage entzogen wurde, was selbst durch die seitherigen Regenfälle nicht kompensiert werden konnte. Ist es nur eine vorübergehende Dürreperiode oder breitet sich die Sahara als Folge eines allgemeinen Klimawechsels weiter nach Süden aus?

Damit ist ein Geschehen berührt, das uns bereits in prähistorische Zeit zurückführt. Die Sahara, gegenwärtig das größte zusammenhängende Wüstengebiet der Erde, liegt im Bereich des nördlichen Wüstengürtels der Erde. Noch zur Jungsteinzeit waren weite Gebiete der heutigen Stein- und Sandwüsten eine Savannenlandschaft mit einer Tierwelt, von der zahlreiche Felszeichnungen der damaligen Jägervölker zeugen. Auch das Grundwasser, das heute in verschiedenen Oasen in der Sahara auftritt oder eigens durch artesische Brunnen gewonnen wird, ist — wie jüngste Messungen mit der Radiokarbonmethode gezeigt haben – fossil, d. h. es stammt nicht aus der geologischen Gegenwart, sondern aus der letzten Feucht- oder Pluvialzeit, die 20 000 – 40 000 Jahre zurückliegt. Zu dieser Zeit muß überdies eine Humusdecke existiert haben, wie der Gehalt des Kohlenstoffisotops ^{13}C (im CO_2 des Grundwassers) erkennen läßt, das beim Assimilisationsprozeß durch Pflanzen abgereichert wird, während sich bei der Bildung von marinem Kalk ^{13}C anreichert. Die Niederschläge, die das Grundwasser in der Sahara einst gebildet haben, müssen demnach durch eine Humusschicht gesickert sein. Zur Altsteinzeit waren Elefanten, Zebras, Nashörner,

Giraffen, Antilopen und Gazellen, Büffel und Paviane, deren heutige Verwandte nur südlich der Sahara vorkommen, bis ins westliche Nordafrika verbreitet, wie Fossilfunde zeigen. Aber auch das völlig isolierte Vorkommen von Baumvegetation (Zypressen), von Süßwasserfischen und Regenwürmern in den heutigen Gebirgen der Sahara (z. B. Ennedi, Tassili) dokumentiert, daß dieses Gebiet noch zur Eiszeit — zumindest zeitweise — keine Wüste gewesen sein kann. Gleiches gilt für die Prärien der „Great Plains" in Nordamerika, die noch zur letzten Kaltzeit von Nadelwäldern ähnlich der kanadischen Taiga bedeckt waren und auch noch in der jüngsten Nacheiszeit von lockeren Kiefern *(Pinus ponderosa* var. *scopulorum)* und Wacholderbeständen *(Juniperus scopulorum)* bestockt waren.

Mit dem Beispiel der Sahara ist ein Themenkreis angeschnitten, der bereits zur Paläoklimatologie zu zählen ist. Zwei weitere Beispiele sollen jedoch die enge Verknüpfung zwischen der Klimatologie und der Menschheitsgeschichte einerseits, der Topographie und der Faunengeschichte andererseits aufzeigen.

Das mittelalterliche Klimaoptimum und die Entdeckung Amerikas

Wenn hier von der Entdeckung Amerikas die Rede sein soll, so ist weder die Entdeckung Westindiens durch Christoph Kolumbus im Jahre 1492, noch jene Nordamerikas durch die Vorläufer der Indianer und Eskimos in prähistorischer Zeit gemeint, die von Nordostasien her kommend über die damals vorübergehend landfeste Beringbrücke nach Alaska bzw. Kanada gelangten.

Während der Kaltzeiten des Pleistozäns waren weite Teile der nördlichen Hemisphäre von mächtigen Inlandeismassen bedeckt. Dies hatte zur Folge, daß der Meeresspiegel eustatisch, also infolge der Bindung von Wasser in Eisform, abgesenkt war. Die heutige Beringstraße liegt im Bereich eines ausgesprochenen Schelfmeeres (Bering- und Tschuktschi-See) mit einer durchschnittlichen Tiefe von 50 m. Dies bedeutet, daß zu den Eiszeiten eine Landbrücke, nämlich die Beringbrücke, Nordostsibirien und Alaska verband. Alaska war übrigens selbst während des Höchststandes der Vereisungen nur teilweise vergletschert, so daß eine Art Korridor für Landtiere und auch für Menschen gangbar war.

Wir wollen jedoch das Rad der Zeit nicht so weit zurückdrehen, sondern nur etwa bis ins 10. Jahrhundert, als die Wikinger 982 unter Erich dem Roten nicht nur Grönland entdeckten, sondern 999 unter Leif Eriksson auch Nordamerika erreichten. Während des damaligen mittelalterlichen Klimaoptimums (von 700/800 bis Ende des 12. Jahrhunderts) war die Baumgrenze um 250 – 300 m höher als heute, und die Treibeisgrenze verlief viel weiter nördlich als gegenwärtig. Nach Ende dieser Wärmeperiode kam es im 16. Jahrhundert zu einer neuerlichen Erwärmung, die dann bis 1700 von einer kühleren Periode, der sog. „kleinen Eiszeit" der englischen Literatur, abgelöst wurde.

Betraf dieses Beispiel die Menschheitsgeschichte, so soll das folgende – wie bereits angedeutet – die Beziehungen zwischen der Topographie und der Faunengeschichte aufzeigen.

Die Geschichte der Ostsee

Die Geschichte der Ostsee ist eine direkte Folge der nordeuropäischen Vereisung während der letzten Eiszeit und ist im wesentlichen klimatisch gesteuert. Auch hier müssen wir bis in prähistorische Zeit zurückgehen, und zwar bis in das Spätglazial, also die ausgehende Eiszeit. Während der letzten Eiszeit waren ganz Skandinavien, Norddeutschland und Teile der Britischen Inseln von einem Inlandeisschild bedeckt. Gegen Ende der Eiszeit kam es zu einem Abschmelzen dieser Eismassen, so daß im Spätglazial nur noch der Großteil Skandinaviens einen Eisschild trug. Südlich von dieser Inlandeismasse hatte sich damals ein Eisstausee gebildet, da das Wasser der Flüsse nicht direkt ins Meer abfließen konnte. Durch Abschmelzen des Eises in Südschweden kam es in der frühen Nacheiszeit zu einer Verbindung mit der nördlichen Nordsee über Mittelschweden, und es entstand das Yoldia-Meer [benannt nach der Muschel *Portlandia* (=„*Yoldia*") *arctica*] mit seinen arktischen Elementen. Weiteres Abschmelzen des Inlandeises führte zu einer Hebung Skandinaviens, die auf dem Prinzip der Isostasie beruht. Das Abschmelzen des Eisschildes führte zu einer Entlastung der darunterliegenden Erdkruste und damit zu ihrer Hebung in dem einst vom Inlandeis bedeckten Bereich. Dadurch wurde die Meeresstraße zur Nordsee unterbrochen, die Ostsee süßte aus, und ein Binnensee, der Ancylus-See (benannt nach der Süßwasserschnecke *Ancylus fluviatilis*) entstand. Der Ancylus-See entwässerte über den Svea-Fluß in Mittelschweden in die Nordsee (Abb. 5).

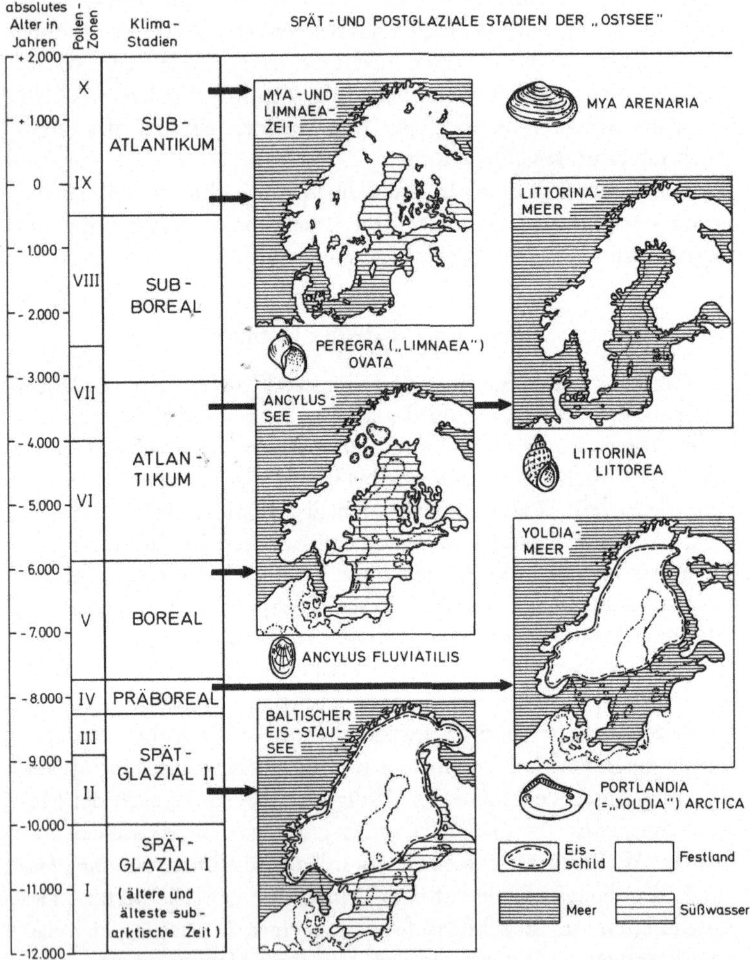

Abb. 5. Die Geschichte der Ostsee zur Spät- und Nacheiszeit. Altersdatierung durch Warvenchronologie in Verbindung mit der Pollenanalyse, welche die Waldgeschichte widerspiegelt. (Nach THENIUS, 1976)

14

Das auch in den übrigen Teilen der Nordhemisphäre erfolgte Abschmelzen der Inlandeismassen bewirkte ein eustatisch bedingtes Ansteigen des Meeresspiegels. Dadurch wurde auch die südliche Nordsee überflutet und im Bereich des südlichen Dänemark bzw. Schleswig-Holstein entstand eine neue Verbindung mit der Ostsee, in die wiederum marine, diesmal allerdings kühl-gemäßigte Elemente einwanderten. Man spricht vom Littorina-Meer (nach der Schnecke *Littorina littorea*), dessen Wasser salziger und wärmer war als heute. Meeresformen, die gegenwärtig bestenfalls von der Nordsee bis zu den Dänischen Inseln vordringen, waren damals bis in den Bottnischen Meerbusen verbreitet. Seither verengte sich der Zugang von der Nordsee wieder durch die fortschreitende Hebung des Festlandes, der Salzgehalt sank neuerlich, und die Limnaea-Zeit [benannt nach der Süßwasserschnecke *Limnaea (= Peregra) ovata*] begann. Seither ist sie von der *Mya*-Zeit (nach der Muschel *Mya arenaria*) abgelöst worden, die bis heute anhält.

Mit der Geschichte der Ostsee in der Spät- und Nacheiszeit sollte nicht nur das wechselvolle Geschehen in einem bestimmten Raum aufgezeigt werden, sondern auch ein Hinweis auf die Arbeitsmethoden und Probleme der Paläogeographie gegeben werden. Abgesehen von den rein lithologisch-morphologischen Befunden über die Art und Abfolge der Ablagerungen, über den einstigen Verlauf von Flußströmen und der Küstenlinien, zählen der faunistische und floristische Inhalt der Sedimente und ihre zeitliche Einordnung zu den wichtigsten Befunden für den Paläogeographen. Ohne Kenntnis der Gleichzeitigkeit von Geschehen bzw. deren zeitlicher Abfolge, sei es in einem räumlich begrenzten Areal, sei es weltweit, sind derartige Befunde praktisch wertlos. Andererseits lassen sich konkrete Angaben über den Salzgehalt einstiger Gewässer nur selten anhand rein lithologischer, also gesteinsmäßiger Kriterien machen. Hier erweisen sich Fauna und Flora als nahezu unentbehrliche Hilfe.

Damit ist einerseits die enge Verknüpfung erd- und biowissenschaftlicher Arbeitsmethoden des Paläogeographen aufgezeigt, andererseits aber auch die Bedeutung der einstigen Lebewesen selbst. Bevor wir uns jedoch mit den Grundlagen und Arbeitsmethoden der Paläogeographie befassen, wollen wir — im Hinblick auf die Biogeographie — im folgenden Kapitel das gegenwärtige Verbreitungsbild verschiedener Tiere und Pflanzen analysieren und die sich daraus ergebenden Probleme aufzeigen.

Derjenige Leser, der nur an der paläogeographischen Thematik interessiert ist, kann dieses Kapitel überschlagen, allerdings wird in späteren Abschnitten teilweise darauf Bezug genommen.

III. Ergebnisse und Probleme der gegenwärtigen Verbreitung von Pflanzen und Tieren

Aufgaben der Biogeographie

Die Biogeographie befaßt sich mit der räumlichen Verteilung der Tiere und Pflanzen auf der Erde. Die hauptsächlichste Aufgabe des Biogeographen besteht nicht nur in der Beschreibung und Registrierung des Verbreitungsbildes von Tieren und Pflanzen, sondern auch in der Erforschung der Ursachen, die zum jeweiligen Verbreitungsbild geführt haben.

Jedem Laien ist geläufig, daß viele Tiere und Pflanzen auf bestimmte Areale oder zumindest einzelne Kontinente beschränkt, manche jedoch weltweit und damit kosmopolitisch verbreitet sind. Wird das beschränkte Verbreitungsgebiet von Gebirgs- oder Tundrentieren, von Regenwaldformen und Seebewohnern, um nur einige Beispiele zu nennen, zwar durch den jeweils begrenzten Lebensraum verständlich, so ist damit noch keine kausale Erklärung für räumlich getrennte, also disjunkte oder diskontinuierliche Verbreitungsareale gegeben. Da das Entstehen von Disjunktionen aus der heutigen Situation mangels der Ausbreitungsmöglichkeit nicht zu erklären ist, bleibt nur die historische Deutung. Mit dieser Feststellung erscheint auch die enge Verknüpfung mit der Paläogeographie verständlich.

Es sind jedoch noch weitere Voraussetzungen als Grundlage notwendig, wie folgende Beispiele erkennen lassen. Moschusochse *(Ovibos moschatus)* und Eisbär *(Ursus maritimus)* sind Charakterformen des hohen Nordens, der Arktis. Sie fehlen auf der südlichen Hemisphäre, obwohl im Bereich der Antarktis stellenweise ähnliche Lebensräume vorhanden sind. Der Moschusochse ist gegenwärtig

16

als Wildform im nördlichen Kanada, auf Grönland und einigen dazwischen liegenden arktischen Inseln heimisch. In jüngerer Zeit hat man Moschusochsen erfolgreich auf der Nunivak-Insel vor Alaska, auf Spitzbergen, in Norwegen und neuerdings auch in Nordsibirien eingebürgert. Sämtliche Individuen der Wildform gehören einer Art an, lediglich zwischen der Grönlandform und der Festlandsform bestehen geringfügige, unterartliche Unterschiede. Das Verbreitungsareal der *Art* ist zwar nicht als zusammenhängend, aber auch nicht als echt disjunkt, sondern als diskontinuierlich zu bezeichnen.

Die Eisbären gehören gleichfalls einer Art an, und auch ihr Verbreitungsgebiet ist über die arktischen Inseln verstreut. Hier kann ebenso nicht von einem disjunkten Areal gesprochen werden, da die Eisbären gelegentlich „Wanderungen" über das offene Meer durchführen.

Die disjunkte Verbreitung von Pflanzen und Tieren

Echt disjunkte Verbreitungsgebiete sind gegenwärtig von zahlreichen Gebirgstieren und -pflanzen bekannt, wie z. B. von Gemse *(Rupicapra rupicapra)* und Steinbock *(Capra ibex),* vom Edelweiß *(Leontopodium alpinum)* und der Silberwurz *(Dryas octopetala).* Gemsen sind in den Pyrenäen, den Alpen und Karpaten ebenso heimisch wie im Apennin, auf dem Balkan und im Kaukasus. Die Gemsen der einzelnen, voneinander räumlich getrennten Gebirgsmassive werden als Unterarten einer einzigen Art klassifiziert. Ähnliches gilt bzw. galt für den Alpensteinbock *(Capra ibex ibex* der Alpen und Karpaten) und seine verwandten Unterarten von der Iberischen Halbinsel, vom Kaukasus und Sibirien. Von manchen Wissenschaftlern werden diese Steinböcke als verschiedene, jedoch nah verwandte Arten angesehen, von anderen hingegen als geographische „Rassen", also Unterarten einer Art. Wie dem auch sei, es sind zweifellos untereinander nah verwandte Formen, die gegenwärtig räumlich getrennt vorkommen und somit ein typisches Beispiel disjunkter Verbreitung bilden.

Dieses Beispiel erhellt erneut die Bedeutung der verwandtschaftlichen Beziehungen der zur Diskussion stehenden Lebewesen. Ohne entsprechende Kenntnis der verwandtschaftlichen Beziehungen der untersuchten Formen sind die Befunde der Arealkundler für eine weitere Auswertung weitgehend wertlos. Erst die richtige Beurteilung der stammesgeschichtlichen Beziehungen eröffnet neue Gesichtspunkte für die historische Biogeographie.

Die (Nach-)Eiszeit als Ursache

Das Edelweiß, die Charakterpflanze der Alpen, die übrigens auch in den Pyrenäen und Karpaten heimisch ist, zählt in Zentralasien zu den häufigsten Wiesen- und Steppenpflanzen und ist von Turkestan über den Pamir und den Himalaya bis zum Altai verbreitet. Damit ist ein weiterer, interessanter Gesichtspunkt aufgezeigt, nämlich die Frage nach dem Entstehungsgebiet und der Urheimat, die nicht nur für das Edelweiß gilt, das als asiatisches Element erst während der eiszeitlichen Kaltzeiten nach Europa gelangt ist. Mit dem Rückzug der Gletscher im Alpenbereich zog sich das Edelweiß als eigentliche Steppenpflanze auf die alpinen Grasmatten zurück. Mit diesem Abwandern in alpine Bereiche kam es auch zur Disjunktion des ursprünglich zusammenhängenden Verbreitungsgebietes zu den Kaltzeiten, als Lößsteppen und Grasfluren weite Teile Mitteleuropas bedeckten.

Auch Gemse und Steinbock waren damals in Mitteleuropa heimisch. Sie zogen sich im ausgehenden Glazial und zur Nacheiszeit auf ihre heutigen, nunmehr disjunkten Areale zurück. Mit diesem Exkurs in die Eiszeit ist auch die Ursache für das heutige Verbreitungsareal des Moschusochsen aufgezeigt. Wie zahlreiche Fossilfunde dokumentieren, waren Moschusochsen zur letzten Kaltzeit (= Würm-Glazial) in dem damals von Tundren und Lößsteppen bedeckten Mitteleuropa heimisch, um sich erst nach dem Abschmelzen der großen Inlandeisschilde in Nordamerika und Europa auf ihre heutigen Areale zurückzuziehen.

Dadurch entstanden auch boreo-alpine Disjunktionen, wofür etwa die Silberwurz ein Beispiel ist. *Dryas octopetala* kommt heute in Europa in den Alpen, in Schottland, auf Island und der skandinavischen Halbinsel vor. Das nördliche und das alpine Verbreitungsareal sind völlig getrennt. Noch im frühen Postglazial war die Silberwurz in weiten Teilen Mittel- und Nordeuropas heimisch. Die seitherige Klimabesserung führte zur Disjunktion dieser Art.

Die bisherigen Beispiele betrafen durchwegs *Arten,* deren disjunkte Verbreitung durch die postglaziale Erwärmung entstanden ist. Die Alpenrosen (Gattung *Rhododendron*) und ihre Verbreitung sollen uns einen Schritt weiterführen. Unter den Alpenrosen ist das großblättrige *Rhododendron ponticum* disjunkt verbreitet. Diese Art ist nämlich auf der Iberischen Halbinsel und dann erst wieder in der Türkei und im Kaukasus heimisch. Es ist eine wärme- und feuchtigkeitsliebende Art, die — wie zwischeneiszeitliche Fossilfunde aus der Höttinger Breccie bei Innsbruck zeigen — einst in verwandten Formen auch in Mitteleuropa und zur Tertiärzeit in Großbritannien heimisch war. Erst die pleistozänen Kaltzeiten trennten das ursprünglich einheitliche Verbreitungsareal.

Betrachtet man jedoch die Verbreitung der Alpenrosen in ihrer Gesamtheit, so liegt der Schwerpunkt mit der größten Artenfülle zweifellos in den Gebirgsländern Asiens (z. B. Himalaya, Südwestchina), wo sie nicht nur als Sträucher, sondern auch in Baumform auftreten. Arten der Gattung *Rhododendron* sind überdies aus Ostasien und Nordamerika (z. B. *Rhododendron canadense*) bekannt. Damit ist ein weiteres disjunktes Verbreitungsgebiet aufgezeigt. Es bezieht sich jedoch — im Gegensatz zu den bisher besprochenen Beispielen — auf die nächst höhere systematische Einheit, nämlich die *Gattung.*

Analoge Beispiele sind zahlreich. Es sei hier nur an Säugetiere mit Hirsch und Elch (Gattungen *Cervus* und *Alces*), Wildrinder *(Bison),* Großkatzen *(Panthera),* Füchse *(Vulpes)* und Marder *(Martes),* an Süßwassermuscheln *(Unio, Anodonta)* und an Laubbäume mit den Eichen *(Quercus),* Ulmen *(Ulmus),* Nußgewächsen *(Carya, Pterocarya* und *Juglans)* und Amberbäumen *(Liquidambar)* erinnert, die mit verschiedenen Arten einer Gattung in der Alten und Neuen Welt verbreitet sind. Von den aufgezählten Laubbaumgattungen findet sich manche heute nur in (Süd-)Ostasien und im östlichen Nordamerika.

Holarktis und Paläotropis

Für andere Tier- und Pflanzengruppen gilt die Disjunktion nur für die *Familie,* indem die getrennten Areale von verschiedenen Formen besiedelt werden, denen Gattungsrang zukommt. Auch hier gibt es zahlreiche Beispiele untereinander näher verwandter Gattungen. Eine der bekanntesten Pflanzenfamilien sind die Sumpfzypressengewächse (Taxodiaceen) als Angehörige der Koniferen (Abb. 6). Zu ihnen gehören die größten Nadelbäume überhaupt, nämlich der Mammutbaum *(Sequoiadendron giganteum)* und die Kü-

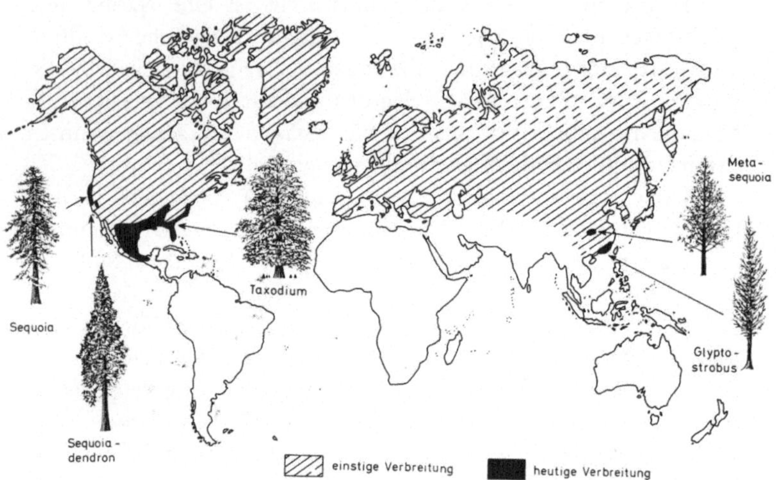

Abb. 6. Die einstige und jetzige Verbreitung der Sumpfzypressengewächse (Taxodiaceen). Gegenwärtig mit *Taxodium, Sequoia* und *Sequoiadendron* in der Neuen Welt, *Metasequoia* und *Glyptostrobus* in Ostasien disjunkt verbreitet. Zur Tertiärzeit (außer *Glyptostrobus*) holarktisch verbreitet (Schraffur)

stensequoie oder der Rotholzbaum *(Sequoia sempervirens)* Kaliforniens. Ihr nächster lebender Verwandter ist der in Südchina (Provinz Szetschuan) heimische Urwelt-Mammutbaum *(Metasequoia glyptostroboides).* Von den übrigen Taxodiaceen kommt *Taxodium* mit mehreren Arten in den südlichen USA und Mexiko, die Gattung *Glyptostrobus* wiederum in Südchina vor. *Taxodium distichum,* die Sumpfzypresse, ist der Charakterbaum der Waldsümpfe („Cypress-swamps") von Louisiana und Florida, wo er in zeitweise überflutetem Gelände vorkommt. Typisch sind die eigenartigen Atemwurzeln, die auch bei monatelanger Überflutung die Versorgung der Wurzeln mit Luft gewährleisten. Sumpfzypressen *(Taxodium*

distichum) und Rotholzbäume *(Sequoia langsdorffi)* waren zur Tertiärzeit ebenso in Europa heimisch wie Arten der Gattungen *Glypto-*
strobus und *Metasequoia.* Bevor wir jedoch die Frage nach der Entstehung dieser Disjunktionen zu beantworten versuchen, noch einige Gegenstücke aus der Tierwelt.

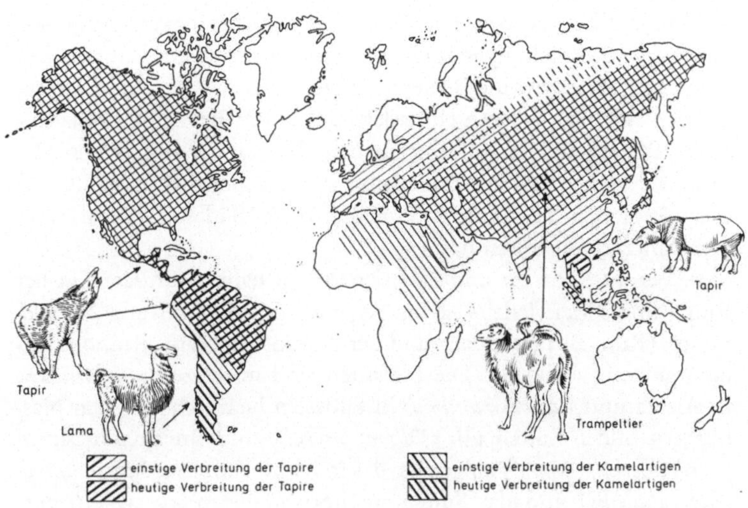

Abb. 7. Die einstige und gegenwärtige Verbreitung der Tapire (Tapiridae: Gattung
Tapirus) und der Kamelartigen (Camelidae: Trampeltier und Wildlamas). Beide
gegenwärtig disjunkt, Tapire zur Tertiärzeit holarktisch verbreitet, im Quartär auch
in Südamerika. Cameliden im Quartär in Nord- und Südamerika, Eurasien und Afrika heimisch

Allgemein bekannt ist die disjunkte Verbreitung der Tapire
(Fam. Tapiridae), die in Südostasien [*Tapirus (Acrocodia) indicus*]
sowie in Mittel- und Südamerika (z. B. *Elasmognathus bairdii, Tapi-*
rus terrestris) beheimatet sind (Abb. 7). Es sind altertümliche Huftiere, deren fossile Verwandte zur Tertiärzeit auch in Europa heimisch waren. Auch die Kamelartigen (Fam. Camelidae) sind heute
in Asien (Gattung *Camelus:* Trampeltier) und in Südamerika (Gattung *Lama*) disjunkt verbreitet (Abb. 7). Noch zur Eiszeit waren
sie auch in Nordamerika heimisch. Die Riesensalamander (Fam.
Cryptobranchidae) sind gegenwärtig auf Ostasien (Gattung *Andri-*
as) und Nordamerika *(Cryptobranchus)* beschränkt. Riesensalaman-

der der Gattung *Andrias* lebten zur Tertiärzeit auch in Europa. Wurde doch im Jahre 1726 das Skelett eines Riesensalamanders *(Andrias scheuchzeri)* aus dem Miozän von Öhningen am Bodensee von dem Züricher Arzt und Naturforscher J. J. SCHEUCHZER als das Beingerüst eines in der Sintflut ertrunkenen armen Sünders („Homo diluvii tristis testis") beschrieben.

Die bisherigen Beispiele haben vielfach die engen verwandtschaftlichen Beziehungen zwischen eurasiatischen und nordamerikanischen Pflanzen und Tieren erkennen lassen. Diese und andere analoge Befunde haben nicht zuletzt auch zum Begriff der holarktischen Region für die außertropischen Gebiete der nördlichen Hemisphäre geführt, nachdem sie lange Zeit als gleichwertige faunistische Regionen (Paläarktis=Eurasien ohne Südasien, Nearktis= Nordamerika) gegolten hatten.

Aber auch Afrika und Südasien zeigen nahe Affinitäten in der Fauna und Flora. Jedem ist die gegenwärtige Verbreitung der Elefanten (Fam. Elephantidae) und der Nashörner (Fam. Rhinocerotidae) geläufig (Abb. 8). Die Elefanten sind mit *Loxodonta africana* in Afrika und *Elephas maximus* in Südasien heimisch. Bei den Nashörnern bilden Spitzmaul- *(Diceros bicornis)* und Breitmaulnashorn *(Ceratotherium simum)* einerseits, das indische Panzernashorn *(Rhinoceros unicornis)* und das Sumatranashorn *(Dicerorhinus sumatrensis)* andererseits die entsprechenden Gegenstücke. Weitere Wirbeltiere mit einem ähnlichen Verbreitungsbild sind die Menschenaffen (Fam. Pongidae) mit Gorilla und Schimpanse (Afrika) und dem Orang (Südostasien), die Zwerghirsche (Fam. Tragulidae) mit *Dorcatherium* (Afrika) und *Tragulus* (Südasien), die Schuppentiere (Fam. Manidae) und die Nashornvögel (Fam. Bucerotidae).

Alle diese Familien bestätigen — zusammen mit weiteren Elementen, wie etwa Hyänen, Löwen, Gepard, Honigdachs — die engen Beziehungen zwischen Südasien und der Äthiopis, denen durch den auch von den Tiergeographen in jüngster Zeit verwendeten Begriff der Paläotropis als biogeographische Region (für die äthiopische und die orientalische Subregion) Rechnung getragen wird.

Alle bisher besprochenen Disjunktionen lassen sich durch die Existenz der Beringbrücke zur Tertiärzeit und der Panamabrücke im Quartär sowie durch eine auch für Waldformen gangbare Landverbindung zwischen Nordostafrika über die arabische Halbinsel

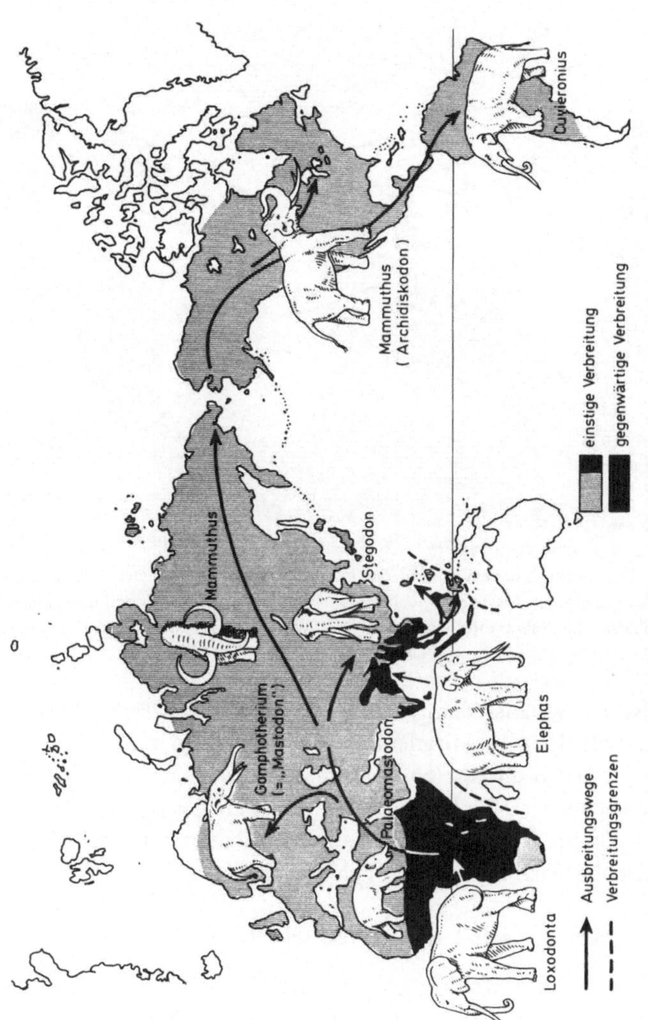

Abb. 8. Die einstige und gegenwärtige Verbreitung der Rüsseltiere (Proboscidea). Heute auf die Paläotropis (Afrika und Südasien) beschränkt, im Känozoikum fast weltweit verbreitet. (Nach THENIUS, 1976)

nach Südwestasien im Jungtertiär erklären (Abb. 9). Die Annahme von heute versunkenen Landbrücken zwischen Nordamerika und Europa erübrigt sich für *diese Disjunktionen* ebenso wie ein Brückenkontinent zwischen Afrika und Vorderindien. Zu diesen paläogeo-

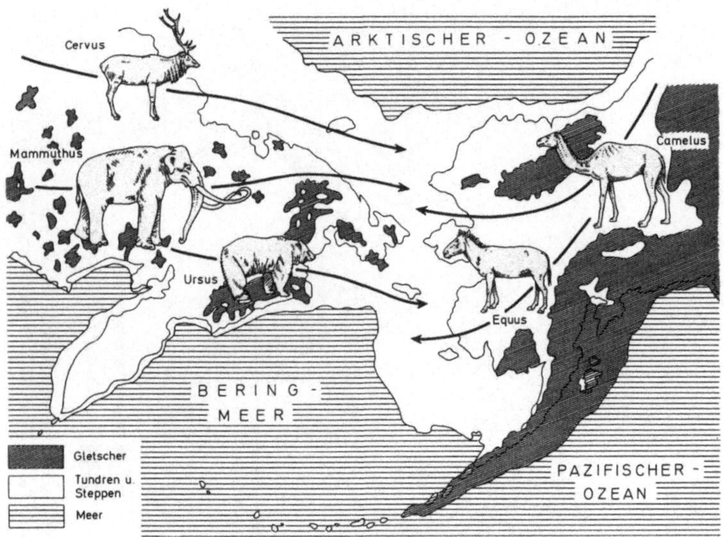

Abb. 9. Die Beringbrücke während der letzten pleistozänen Kaltzeit. Breite Landverbindung zwischen Ostasien und Nordamerika durch eustatisch bedingte Meeresspiegelabsenkung. Sie ermöglichte den Austausch von Landtieren und -pflanzen. (Nach THENIUS, 1976)

graphischen Voraussetzungen kommt noch die paläoklimatologische Entwicklung in Mitteleuropa, die seit einem (sub)tropischen Klima im Eozän durch eine fortschreitende Klimaverschlechterung gekennzeichnet ist. Sie hat außerdem zur Verlagerung des Wüstengürtels geführt, der sich heute von der Sahara über die arabische Halbinsel bis nach Persien und Pakistan erstreckt.

Afrikanisch-südamerikanische Disjunktionen

Damit wollen wir uns einigen weiteren Beispielen disjunkter Verbreitung zuwenden, die durch die soeben erwähnten Landbrücken allein nicht oder nur sehr schwer erklärt werden können. Wir wollen uns bei der Auswahl dieser Beispiele vor allem auf jene Elemente beschränken, für die bereits schmale Meeresstraßen echte Ausbreitungsschranken darstellen, die sie weder aktiv noch passiv (z. B. Windtransport oder Verschleppung durch Vögel) überwinden können. Dies gilt in erster Linie für Amphibien und primäre

24

Süßwasserfische, ferner für bodenbewohnende Würmer (Oligochaeten, z. B. Regenwürmer), Süßwassermuscheln und -krebse, doch zählen auch große Landsäugetiere (z. B. viele Huftiere) und manche Pflanzen dazu.

Als weitere Voraussetzung für eine biogeographische Auswertung derartiger disjunkt verbreiteter Elemente gilt der monophyletische Ursprung, d. h. die Entstehung aus einer gemeinsamen Wurzelgruppe. Nur zu oft täuschen Konvergenz- und Parallelerscheinungen Ähnlichkeiten vor, die nicht durch direkte verwandtschaftliche Beziehungen bedingt sind. Damit ist abermals die Bedeutung phylogenetischer Untersuchungen aufgezeigt. Freilich ist es selbst für den Fachmann manchmal nicht leicht, den Verwandtschaftsgrad zu beurteilen, da der Grad der Ähnlichkeit dazu allein nicht ausreicht. Dazu gleicht ein konkretes Beispiel (Abb. 10).

Unter den Nagetieren faßt man seit langem die Stachelschweinartigen als Hystricomorpha zusammen. Es sind dies die Stachelschweine (*Hystrix* und verwandte Gattungen), die Rohr- *(Thryonomys)* und Felsenratten *(Petromus)* sowie die Sandgräber (*Bathyergus* usw.) als altweltliche Angehörige, die Baumstachler (z. B. *Erethizon*), die Trug- (z. B. *Octodon*) und Biberratten *(Myocastor),* die Chinchillas (z. B. *Chinchilla*), die Meerschweinchen (z. B. *Cavia*) und die Wasserschweine *(Hydrochoerus)* als neuweltliche Vertreter. Sind die Ähnlichkeiten und Übereinstimmungen Parallelbildungen oder Belege für den gemeinsamen Ursprung? Für die Beurteilung der verwandtschaftlichen Beziehungen sind nicht nur morphologisch-anatomische, embryologische und paläontologische Befunde wichtig, sondern auch entwicklungsphysiologische, serodiagnostische und cytogenetische Daten wesentlich. Die Diskussion über dieses Thema ist auch heute noch nicht abgeschlossen. Eine analoge Situation bieten die Altwelt- (Catarrhina) und Neuweltaffen (Platyrrhina). Sind die Affen aus einer einheitlichen Wurzelgruppe unter den Halbaffen hervorgegangen oder haben sich die Altwelt- und Neuweltaffen unabhängig voneinander aus verschiedenen Halbaffengruppen der Alten und der Neuen Welt entwickelt? Manche Argumente sprechen für die einmalige Entstehung sowohl der Stachelschweinartigen als auch der Affen. Allerdings muß die jeweilige gemeinsame Wurzelgruppe spätestens im jüngeren Eozän existiert haben. Die Richtigkeit dieser Annahme vorausgesetzt,

würde bedeuten, daß die Vorfahren der neuweltlichen Hystricomorphen und der Platyrrhinen erst zur älteren Tertiärzeit (Eozän)
nach Südamerika gelangt sind. Die ältesten Fossilfunde der neuweltlichen Hystricomorphen und Affen sind aus dem älteren Oligozän (Deseadense) bekannt. Was sagt nun die Paläogeographie
dazu? Vor Beantwortung dieser Frage noch einige weitere tiergeographische Befunde, bei denen die Situation eindeutig ist.

Unter den Froschlurchen Afrikas stehen die Krallenfrösche
(Gattung *Xenopus*) etwas isoliert. Es sind stark ans Wasserleben angepaßte zungenlose Frösche mit Seitenlinienorganen. Ihr nächster

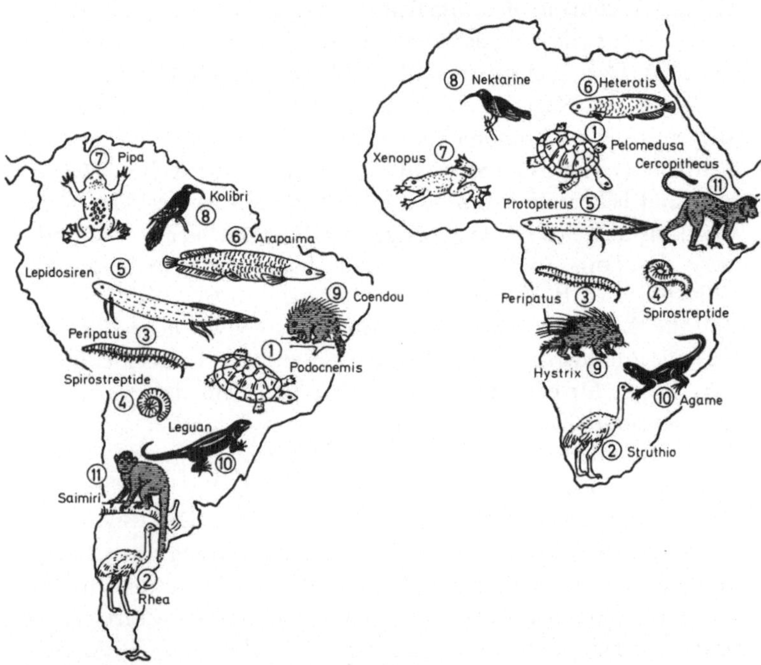

Abb. 10. Land- und Süßwassertiere Südamerikas und Afrikas. Nahe verwandte Formen unter erdgeschichtlich alten Gruppen [z. B. Lungenfische (5), Knochenzüngler
(6), Zungenlose (7), Tausend- (4) und Stummelfüßer (3) sowie Schildkröten (1)]
gegenüber Parallel- und Konvergenzerscheinungen bei geologisch jungen Elementen [z. B. Kolibris — Nektarvögel (8), Leguane — Agamen (10)]. Die verwandtschaftlichen Beziehungen der Alt- und Neuweltaffen sowie der stachelschweinartigen Nagetiere untereinander werden diskutiert. (Nach THENIUS, 1972)

Verwandter ist die Wabenkröte Südamerikas (Gattung *Pipa*). Beide Gattungen gehören zur Familie der Pipidae, die gegenwärtig auf Südamerika und Afrika beschränkt sind, in der Vorzeit auch in Vorderasien verbreitet waren, so daß das heutige disjunkte Verbreitungsgebiet als Reliktareal gedeutet werden könnte. Auch diese Befunde wollen wir einstweilen nur registrieren.

Unter den Süßwasserfischen zählen die Lungenfische zu den tiergeographisch interessantesten Formen. Die rezenten Gattungen sind disjunkt verbreitet, mit *Neoceratodus* in Australien, *Protopterus* in Afrika und *Lepidosiren* in Südamerika. Während der australische Lungenfisch durch zahlreiche altertümliche Merkmale an die Vorfahren aus dem älteren Mesozoikum erinnert, sind die *Protopterus*- und *Lepidosiren*-Arten stark spezialisiert und ähneln einander nicht nur im Aussehen und im anatomischen Bau, sondern auch durch die nur diesen beiden Gattungen eigene Methode, Trockenzeiten in Schleimkokons zu überdauern. *Protopterus* und *Lepidosiren* stehen einander sehr nahe und werden daher auch zur Familie der Lepidosirenidae zusammengefaßt.

Ähnliches gilt für die Knochenzüngler (Fam. Osteoglossidae), eine altertümliche Knochenfischgruppe, die eine analoge Verbreitung zeigt und unter denen interessanterweise der afrikanische *Heterotis (= Clupisudis)* dem südamerikanischen Arapaima *(Arapaima)* nähersteht als dem gleichfalls zu den Osteoglossiden zählenden afrikanischen Schmetterlingsfisch *(Pantodon)*.

Mit den Salmlern (Characoidei) ist eine Gruppe von primären Süßwasserfischen aus der Verwandtschaft der Karpfenfische (Cypriniformes) erwähnt, die nur in Afrika, Mittel- und Südamerika vorkommen und damit ein weiteres tiergeographisches Problem bilden.

Auch die Regenwürmer beider Kontinente zeigen überraschende Ähnlichkeiten und Übereinstimmungen. So sind die Arten der Unterfamilie Benhaminae auf das tropische Zentral- und Südamerika, Afrika und Vorderindien beschränkt, wobei verschiedene Gattungen (z. B. *Benhama, Wegenerella, Pickfordia, Dichogaster*) in Afrika und der Neuen Welt vorkommen.

Andererseits zeigen Fauna und Flora Südamerikas und Afrikas große Verschiedenheiten. Sie sind besonders unter den Säugetieren, Vögeln und Bedecktsamern auffällig. Verschiedentlich kommt es zur Ausbildung von Konvergenzerscheinungen. Es sei hier nur an die neuweltlichen Kakteen und die altweltlichen Euphorbiaceen als xeromorphe Pflanzen oder an die Kolibris und die Leguane einerseits sowie an die Nektarvögel und Agamen andererseits erinnert. Damit wollen wir den Abschnitt afro-amerikanische Disjunktionen abschließen und uns einem anderen disjunkten Verbreitungsbild zuwenden, das die Biogeographen seit langem beschäftigt, nämlich den sog. AS-Gruppen (benannt nach ihrer disjunkten Verbreitung in Australien und Südamerika) und damit dem Problem der transantarktischen Verbreitung.

Die AS-Gruppen und das Problem der transantarktischen Verbreitung

Auch hier — stellvertretend für weitere — nur eine kleine Auswahl von Beispielen. Sind Buchen (Gattung *Fagus*) gegenwärtig mit nur wenigen Arten auf die Nordhalbkugel beschränkt, so sind die Südbuchen (Gattung *Nothofagus*) für die südliche Hemisphäre kennzeichnend. Es sind strauch- oder baumförmige, immer- oder sommergrüne Gewächse, die in ungefähr 50 Arten in Neuguinea, Australien, Neuseeland und im südlichen Südamerika (Chile) vorkommen. Ihr disjunktes Verbreitungsareal ist zugleich ein Beispiel für die transantarktische Verbreitung. Interessant ist, daß die australisch-neuseeländischen Arten (*N.-menziesii-* und *N.-fusca*-Gruppe) den chilenischen Arten näherstehen als jenen aus Neuguinea (*N.-brassii*-Gruppe) (Abb. 11).

Ähnliche Verbreitungsbilder sind von weiteren Pflanzengruppen (z. B. Araucarien und Podocarpaceen) bekannt, doch sind letztere auch in Afrika und Südostasien heimisch. Demgegenüber zeigen verschiedene Insekten [z. B. Peloridiidae, Chironomidae (Podonominae), Plecopteren (Austroperlidae, Eusthenidae, Notonemuridae), Mecopteren (Nannochoristidae) und Coleoptera (z. B. Belidae)] und Süßwasserkebse (Conchostraca, Bathynellidae und Parabathynellidae) ein Verbreitungsbild, das weitgehend dem von *Nothofagus* entspricht.

Die Peloridiiden, eine Gruppe altertümlicher Pflanzensauger (Homoptera) aus der Verwandtschaft der Zikaden sind gegenwärtig mit einige Arten in Südostaustralien, Neuseeland und im süd-

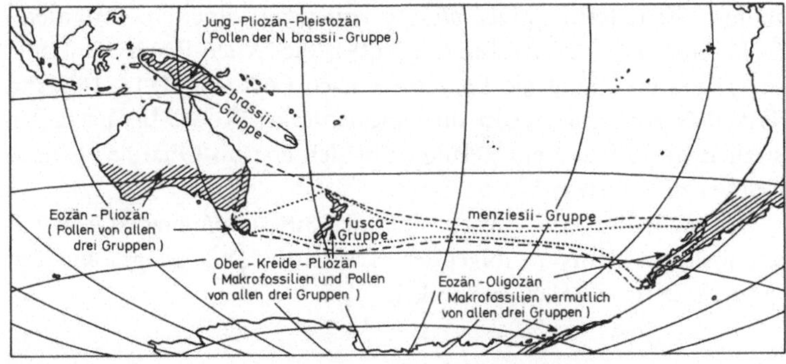

Abb. 11. Die einstige und jetzige Verbreitung der Südbuchen (*Nothofagus*) als Beispiel einer AS-Gruppe. Beachte nähere verwandtschaftliche Beziehungen der neuseeländischen Arten zu südamerikanischen als zu jenen Neuguineas. (Nach MÜLLER, 1974, umgezeichnet)

lichen Südamerika verbreitet. Das gleiche Verbreitungsbild zeigen die Podonomini, eine Gruppe von Zuckmücken (Chironomidae= Tendipedidae), deren Larven sich in kalten Bergbächen entwickeln. Nach den eingehenden Untersuchungen von L. BRUNDIN stehen die australischen Formen den südamerikanischen näher als den neuseeländischen. Als nächst verwandte Schwestergruppe der Podonomini sind die Boreochlini aus Südafrika anzusehen. Dies würde bedeuten, daß eine etwaige Verbindung zwischen Südamerika und Afrika älteren Datums sei als jene zwischen Australien und Südamerika. Weiterhin sei die Trennung von Australien und Neuseeland früher erfolgt als jene zwischen Neuseeland und dem andinen Südamerika.

Diese biogeographisch zweifellos aufsehenerregenden Ergebnisse beruhen auf der phylogenetischen Biogeographie im Sinne von HENNIG-BRUNDIN. Sie haben das seit HOOKER und WALLACE diskutierte Problem der transantarktischen Verbreitung und damit der Antarktis-Route erneut akut werden lassen, das übrigens auch die disjunkte Verbreitung der Beuteltiere betrifft. Beuteltiere sind gegenwärtig in der Neuen Welt und der australischen Region bis Celebes heimisch. Wie der amerikanische Paläontologe G. G. SIMPSON nachgewiesen hat, lassen sich sämtliche australischen Beuteltiere von beutelrattenartigen Formen ähnlich der rezenten Beutelratte *(Didelphis marsupialis)* ableiten. Während G. G. SIMPSON die Ausbreitung über die Asien-Route (Indonesien) annimmt, sind die Beuteltiere nach COX, HOFFSTETTER und THENIUS von Südamerika über die Antarktis-Route bis nach Australien und Neuguinea gelangt, um sich erst im Quartär bis nach Celebes zu verbreiten.

Bevor jedoch eine Antwort auf diese und obige Fragen versucht sei, wollen wir uns im folgenden Kapitel der Paläogeographie und ihren Arbeitsmethoden zuwenden.

Amphiamerikanische und andere marine Disjunktionen und ihre Entstehung

Disjunkte Verbreitungsgebiete sind jedoch nicht nur für Landtiere und -pflanzen kennzeichnend. Auch von Meerestieren sind zahlreiche analoge Verbreitungsbilder bekannt geworden, auf die hier nur hingewiesen sei. Angefangen von der bipolaren Verbreitung (z. B. in arktischen und antarktische Gewässern) und der amphiborealen (in der borealen Provinz des Atlantiks und Pazifiks verbreitet), sind vor allem das amphiatlantische, das amphipazifische und das amphiamerikanische Verbreitungsbild bemerkenswert, da es verschiedene paläogeographische Schlußfolgerungen zuläßt. Derartige Verbreitungsbilder finden sich bei bodenbewohnenden, also benthonisch lebenden Arten, die im erwachsenen Zustand nur geringe Ausbreitungsmöglichkeiten besitzen. Eine Ausbreitung über das offene Meer ist diesen Formen nur im Larvenstadium möglich, sofern schwebfähige (planktonische) Larvenformen entwickelt werden. Die Ausbreitung ist nicht nur von der Dauer des planktonischen Larvenstadiums, sondern auch von den Meeresströmungen und deren Geschwindigkeit sowie von den Klimazonen abhängig. Das Larvenstadium kann Stunden (z. B. *Terebratella* als Armfüßer 24 – 30 Std.) bis Wochen (z. B. *Haliotis* als Schnecke bis 28 Tage) dauern. Dies bedeutet jedoch, daß die heutigen Ozeane selbst für Arten mit langem Larvenstadium eine Verbreitungsschranke darstellen. Es müssen demnach bei der einstigen Ausbreitung andere paläogeographische Bedingungen geherrscht haben.

Auch das Vorkommen amphiamerikanischer Arten oder Zwillingsarten, Meeresbewohner, die durch eine Art oder durch zwei nahe verwandte Arten an der Pazifik- und Atlantikküste Nord- bzw. Zentralamerikas vertreten sind, läßt sich bei der heutigen geographischen Situation nicht erklären.

Hier ist die Annahme einer einstigen direkten Verbindung zwischen Pazifik und Atlantik bzw. Karibik notwendig, wie sie als Panamastraße bzw. Bolivarsenke zur Tertiärzeit existierte.

Die Panamastraße als Ausbreitungsweg und Barriere

Dies dokumentieren die damaligen Meeresfaunen mit Muscheln, Schnecken, Stachelhäutern und Einzellern (Foraminiferen)

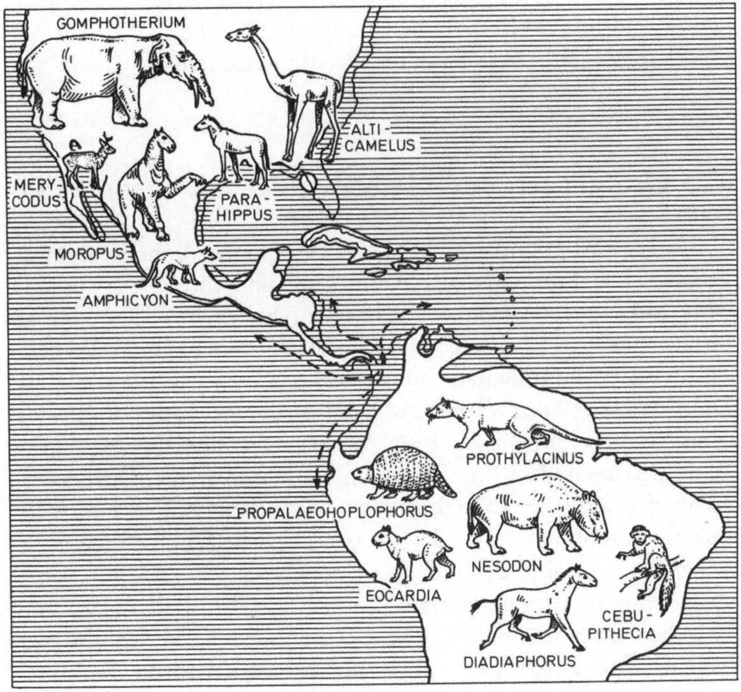

Abb. 12. Die Panamastraße und die Bolivarsenke im Miozän als Meeresverbindung zwischen dem Karibischen Meer und dem Ostpazifik. Beachte Verschiedenheit der damaligen Landsäugetiere. Meeresverbindung als Ausbreitungsweg (*Pfeile*) von Meeresbewohnern (Mönchsrobben, Seekühe und Wirbellose), die gegenwärtig zum Teil noch als amphiamerikanische Elemente existieren. (Nach THENIUS, 1976)

ebenso wie die Landsäugetierfaunen von Mittel- und Südamerika
(Abb. 12). Letztere zeigen die bis ins jüngste Tertiär andauernde,
voneinander völlig unabhängige Entwicklung. Erst durch die Entstehung des Isthmus von Panama vor etwa 3,5 Millionen Jahren
kommt es im jüngeren Pliozän bzw. im Quartär zu einem Faunenaustausch, indem Beuteltiere, Breitnasenaffen, Gürtel- und Faultie-
re, „hystricomorphe" Nagetiere und die Südhuftiere (Notoungula-
ta) sich nach Zentral- und Nordamerika ausbreiteten, während La-
mas, Tapire, Nabelschweine und Hirsche, Raubtiere und Hasen-
artige sowie auch Rüsseltiere und Einhufer in Südamerika eindran-
gen. Die Existenz der Panamastraße bzw. der Bolivarsenke zur Tertiärzeit wird auch durch die Ausbreitung von Meeressäugetieren bestätigt, indem sowohl Seekühe als auch Robben (z. B. Mönchsrobben) vom Atlantik her sich in den Pazifik ausbreiteten.

IV. Grundlagen und Methoden der Paläogeographie

Gegenwärtig sind mehr als 70% der Erdoberfläche vom Meer
bedeckt. Die Landmasse der Kontinente und Inseln erreicht nur
etwa 29%. Rechnet man den Kontinentalschelf und den -abhang
bis zur 1000-m-Tiefenlinie zum Kontinent, so beträgt das Verhältnis zwischen kontinentaler und ozeanischer Kruste etwa 40 : 60.
Die Verteilung von Wasser und Land ist unregelmäßig, indem die
Nordhalbkugel mehr Land als Wasser, die Südhalbkugel mehr
Wasserfläche als Land umfaßt. Man kann jedoch auch eine Land-
halbkugel und eine Wasserhalbkugel unterscheiden. Die vom Meer
bedeckte Erdoberfläche wird von Ozeanen, Schelf- und Binnenmee-
ren gebildet, sie sind also nicht gleichwertig.

Seismische Untersuchungen, die auf Laufzeitunterschieden von
Erdbebenwellen beruhen, zeigen, daß die Erde schalenförmig aufgebaut ist. Von außen nach innen unterscheidet man die *Erdkruste,*
den *Mantel* und den *Kern,* der außen aus geschmolzenen Gesteinen
besteht, was durch seine Unfähigkeit, bestimmte Wellen (Sche-
rungswellen) weiterzuleiten, bewiesen wird. Der innerste Kern ist
mehr oder weniger fest. Die Erdkruste wird vom äußeren Mantel
durch die Mohorovičić-Diskontinuität (benannt nach ihrem kroati-

schen Entdecker) getrennt. Sie ist durch die Geschwindigkeitszunahme seismischer Longitudinalwellen von 6,5 – 7 km/sec (untere Erdkruste) auf 8 km/sec (Erdmantel) gekennzeichnet. Die Erdkruste selbst zeigt recht unterschiedliche Mächtigkeiten. Unter den Ozeanen beträgt die durchschnittliche Dicke rund 6 km, unter den Kontinenten hingegen etwa 35 km (Abb. 13). Diese Unterschiede

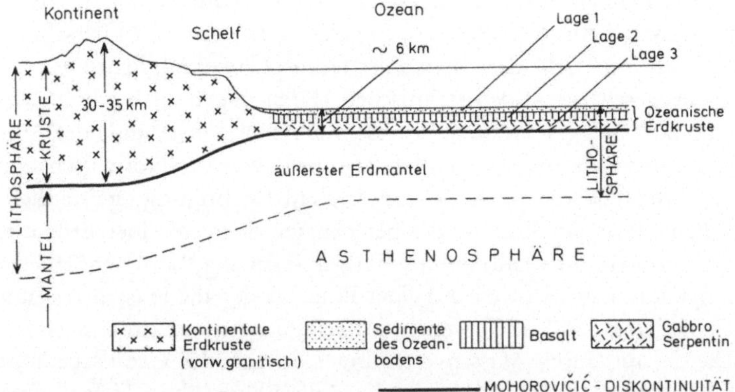

Abb. 13. Die Lithosphäre (Erdkruste und äußerster Erdmantel) und das isostatische Gleichgewicht. Erdkruste in den Ozeanen durchschnittlich 6 km, im Bereich der Kontinente etwa 35 km mächtig (Schema). Asthenosphäre als „Gleitzone" mit herabgesetzter Laufgeschwindigkeit seismischer Wellen. Die Mohorovičić-Diskontinuität als Grenzfläche zwischen Erdkruste und -mantel

beruhen nach der Refraktionsseismik auf der abweichenden Zusammensetzung und damit der verschiedenen Dichte von Ozeanböden und kontinentaler Kruste. Die vorwiegend basaltischen Ozeanböden sind spezifisch schwerer als die „granitischen" Kontinentalkrusten. Sie bestehen in der Regel aus drei „Lagen": Die oberste Lage bilden die Sedimente, darunter folgen Basalt und noch tiefer kompakte Tiefengesteine, wie etwa Gabbro oder Peridotit. Entsprechend dem bereits im Kapitel II erwähnten Isostasie-Prinzip taucht die kontinentale Kruste tiefer in den Mantel ein als der Ozeanboden. Dies gilt speziell für Gebirgsmassive, wo der isostatische Ausgleich ein noch weiteres Abtauchen bedingt. Erkenntnisse, welche die modernen Vorstellungen über die Entstehung der Ozeane und Kontinente wesentlich beeinflußt haben.

Erdmantel und -kern werden durch die in etwa 2900 km Tiefe gelegene Wiechert-Gutenberg-Diskontinuität getrennt. Der äußere Erdmantel dürfte aus Peridotit bestehen. Zusammen mit der Erdkruste wird er neuerdings als Lithosphäre bezeichnet. Darunter folgt in einer Tiefe zwischen 80 (Ozeane) und 200 km (Kontinente) die Asthenosphäre, die bis zu 400 km reicht. Da in diesem Bereich die Geschwindigkeit der seismischen Wellen herabgesetzt ist, nimmt man an, daß sich die Gesteine in der Nähe der Schmelztemperaturen befinden. Sie ist zugleich eine Art Schmierschicht („slush-zone"), die das Gleiten der Lithosphäre ermöglicht.

Abgesehen von den seismischen Daten tragen auch gravimetrische oder Schweremessungen wesentlich zum Verständnis des Aufbaues der Erdkruste bei. Differenzen zwischen der Normalschwere der Erde (sie entspricht — unter Berücksichtigung der tatsächlichen Masse der Erde — der berechneten Schwere einer Erde mit der Form eines Rotationsellipsoides) und der sog. Bouguer-Schwere (angenommene Schwere auf einer Erde, bei der alle Massen bis zum Geoid „abrasiert" sind) werden als Bouguer-Anomalien bezeichnet. Da sie nur durch Massenverteilung *unterhalb* des Geoids bedingt sein können, geben sie wertvolle Aufschlüsse über Tiefenkörper (z. B. „Gebirgswurzeln").

Aber auch geodätische Messungen sind von paläogeographischer Bedeutung. Sei es, daß man damit gegenwärtige Hebungsvorgänge in Zusammenhang mit Gebirgsbildungen, die jährlich nur im Zehntelmillimeter- oder Millimeterbereich liegen oder die Öffnungswerte bei Grabenbildungen (z. B. Island) bzw. die Rate bei horizontalen Verschiebungen (z. B. San-Andreas-Bruchzone in Kalifornien) mißt.

Die Lithosphäre als Ausgangsbasis

Grundlage und Ausgangspunkt für den Paläogeographen, der das Bild der Erde aus vorzeitlichen Epochen zu rekonstruieren versucht, bilden — abgesehen von der Gestalt der Erdoberfläche selbst — natürliche und künstliche Aufschlüsse der Erdkruste. Wie sehr bereits die Gestalt der Landschaft, die *Geomorphologie,* Rückschlüsse auf vorzeitliches Geschehen zuläßt, ist jedem aufmerksamen Naturbeobachter selbstverständlich. Trogtäler, Kare, Moränenwälle und

Gletscherschliffe in den Gebirgen sind ebenso ausdrucksvolle Zeugen für die einstige Vergletscherung, wie etwa die oft mächtigen Flußterrassen im Alpenvorland oder Findlingsblöcke, Drumlins und flache Urstromtäler in Tiefebenen Hinweise darauf zu geben vermögen. Auch die Fjorde in Norwegen, auf Spitzbergen und anderen arktischen Inseln sowie in Neuseeland und der Westantarktis lassen den Fachmann an isostatische Bewegungen und damit an einstige Inlandeisschilde denken. Nicht weniger kennzeichnend ist die Landschaft des Französischen Zentralplateaus mit seinen einstigen, oft in Reihen angeordneten Vulkankegeln. Sie sind ebenso Zeugen einstiger quartärzeitlicher Vulkane wie etwa die Maare der Eifel im Rheinischen Schiefergebirge, die als runde, meist wassergefüllte Kraterkessel die Landschaft prägen. Sie sind nicht aus Lava und Tuffen aufgebaut wie die Vulkankegel, sondern es sind Explosionskrater. Eine andere Erscheinungsform einstiger vulkanischer Tätigkeit sind die Tafelberge in Island, die aus hyaloklastischem Material (Glasaschentuffe) bestehen, die sich im Innern der durch die Eruptionen aufgeschmolzenen „Wasserglocke" bilden, wie sie bei vulkanischen Ausbrüchen unter einem Eisschild entstehen. Problematischer hinsichtlich ihrer Entstehung sind jene rundlichen, kesselförmigen Bildungen, wie sie als Nördlinger Ries und Becken von Steinheim am Albuch aus Süddeutschland bekannt sind. Sind es einstige Vulkanschlote oder Meteoritenkrater? Auch die als Guyots bezeichneten submarinen Erhebungen des Meeresbodens haben zu heftigen Diskussionen geführt. Es sind untermeerische, kegelstumpfartige Erhebungen des Ozeanbodens, deren ebene Oberfläche oft mehrere hundert Meter unter der Meeresoberfläche liegt. Schon dadurch ist eine Entstehung durch eustatisch bedingte Meeresspiegelschwankungen nicht möglich.

Auch Verwitterungserscheinungen, wie sie etwa als Wollsackverwitterung, als Wüstenlack oder als Strukturböden bekannt sind, geben wertvolle paläogeographische Hinweise.

Bis vor wenigen Jahren war ausschließlich die Landoberfläche (einschließlich Seen) und der Kontinentalschelf, also der vom Meer bedeckte Teil des Kontinentalsockels, der eine durchschnittliche Meerestiefe von etwa 200 m erreicht, derartigen Untersuchungen zugänglich. Erst seit der Konstruktion von Tiefseebohrschiffen, wie das amerikanische Forschungsschiff „Glomar Challenger", stehen auch Bohrprofile vom Ozeanboden zur Verfügung. Die seit 1968 von der „Glomar Challenger" in sämtlichen Meeren planmäßig durchgeführten Untersuchungen reichen von rein ozeanographischen über geologisch-paläontologische bis zu geophysikalischen Analysen. Abgesehen von der Morphologie des Ozeanbodens mit seinen Rücken, den submarinen Vulkanbergen („sea mounts" und Guyots) und den Tiefseegräben, kommt vor allem den Bohrkernen der Tiefseebohrungen entscheidende Bedeutung zu, die speziell durch das „re-entry"-Verfahren (es ermöglicht ein Auswechseln der Bohrkrone) weit über 1000 m Mächtigkeit erreichen können. Die Bohrungen, die bis zu einer Meerestiefe von 6000 m im Ozeanboden abgeteuft werden können, ermöglichen nicht nur eine Analyse der Sedimente des Ozeanbodens, sondern auch der sog. „basements", also der eigentlichen ozeanischen Kruste, die — wie bereits angedeutet — hauptsächlich aus Basalten besteht. Die lithologische, paläomagnetische und paläontologische Analyse der Sedimente hat zu völlig neuen, besonders für die Paläogeographie revolutionierenden Erkenntnissen geführt. Auf sie wird im nächsten Kapitel noch zurückgekommen.

Lithologische, paläomagnetische und paläontologische Analysen; Paläotemperaturmethode

Mit der *lithologischen Analyse* des Sedimentes oder Gesteines beginnt die paläogeographische Auswertung, die primär eine Beurteilung der einstigen Fazies und damit des einstigen Lebensraumes bedeutet. Aus dem Sediment oder Gestein läßt sich meist nur die Lithofazies beurteilen. Erst Fossilien ermöglichen eine Analyse der Biofazies, die in der Regel eine wesentlich feinere Faziesgliederung zuläßt. Was ist damit erreicht? Nun, die Kenntnis der Fazies gestattet konkrete Aussagen über die einstigen Ablagerungsbedingungen. Sie ermöglicht nicht nur die Unterscheidung terrestrischer und aquatischer Ablagerungen, sondern auch innerhalb beider eine weitere Untergliederung (z. B. fluviatil, limnisch, marin), indem vor allem Fazies-Fossilien eine Analyse der einstigen ökologischen Faktoren zulassen. Damit sind Angaben über den Salzgehalt (limnisch bis hyperhalin), Temperatur (tropisch bis polar), Wassertiefe (litoral bis abyssisch) und Wasserbewegung (Bewegt- oder Stillwasser),

Sauerstoffgehalt (aerob oder anaerob) und dergleichen mehr möglich.

Zu dieser faziellen Analyse kommen die *paläomagnetischen Untersuchungen* und physikalische Paläotemperaturbestimmungen, wie sie praktisch erst in den letzten zwei Jahrzehnten angewendet werden. Paläomagnetische Untersuchungen beruhen auf dem Gesteinsmagnetismus, der auch als remanenter oder fossiler Magnetismus bezeichnet wird, d. h. es lassen sich aufgrund der in der Vorzeit nach dem damaligen geomagnetischen Feld eingeregelten Eisenmineralien (z. B. Hämatit, Magnetit und andere Fe-Mineralien) in magmatischen oder in Sedimentgesteinen Rückschlüsse auf die einstige geographische Breite und damit die Pol-Lage — sofern die Gesteine seither nicht über den Curie-Punkt erwärmt oder durch gebirgsbildende Bewegungen verstellt wurden — ziehen. Angaben über die geographische Länge sind nicht möglich. Außerdem geben sie Aufschluß über die in der Vorzeit wiederholt erfolgten Umpolungen. Die Erzeugung des erdmagnetischen Feldes ist physikalisch nur über den magnetohydrodynamischen Mechanismus zu erklären, wonach die Wechselwirkung zwischen „Flüssigkeits"bewegungen im Erdmantel und im Erdkern das Feld erzeugt. Nach diesem Modell sind Polaritätsumkehrungen eine mögliche, wenn nicht notwendige Eigenschaft vereinfachter Dynamomodelle. In der Vorzeit wechselten nämlich Epochen mit normalem und reversem Magnetismus ab, wie *weltweit* erfolgte Untersuchungen bestätigten. Fälle von mineralogisch gesteuerter Selbstumpolung sind selten und machen höchstens 3% aus. Voraussetzung für die Auswertung ist die exakte Einmessung der Proben bei der Entnahme von Sedimenten oder Gesteinen, die seit der Bildung tektonisch nicht verstellt worden sein dürfen. Dies haben etwa die von A. HOLMES 1965 gegebenen Daten für die Pol-Lage Europas zur Permzeit eindrucksvoll demonstriert. Während die aus dem außeralpinen Bereich stammenden Proben auf einen im heutigen Nordpazifik gelegenen Pol hinweisen, liegen die Befunde aus den durch die alpidische Gebirgsbildung erfaßten Gesteinen weit verstreut im Pazifik und in Nordamerika. Letztere sind für eine Auswertung unbrauchbar, da die Gesteine tektonisch verstellt wurden.

Die Frage, ob die Pole oder die Kontinente wanderten, läßt sich durch den Vergleich der Polwanderungskurven mehrerer Kon-

tinente entscheiden. Diese Kurven müßten übereinstimmen, sofern
die Lage der Kontinente konstant geblieben ist. Dies ist aber offen-
sichtlich nicht der Fall, wie die bisher bekannt gewordenen Polwanderungskurven zeigen.

Die von dem bekannten Chemiker und Nobelpreisträger HA-
ROLD UREY ausgearbeitete *Paläotemperaturmethode* läßt konkrete
Angaben über die einstigen Wassertemperaturen zu. Diese Methode beruht auf dem gegenseitigen Verhältnis der Sauerstoffisotope
^{16}O und ^{18}O in Kalkskeletten fossiler Meeresorganismen. Dieses
Verhältnis ändert sich nach der Wassertemperatur. Allerdings sind
nur Aragonitskelette verwertbar, die seither diagenetisch nicht verändert wurden. Weitere Fehlerquellen sind dadurch bedingt, daß
das Skelettwachstum der Organismen zu verschiedenen Jahreszeiten
bzw. auch in verschiedenen Meerestiefen (z. B. Larvenstadium in
oberflächennahen Wasserschichten, Adultstadien in tieferem Wasser lebend) erfolgen kann.

Altersdatierung

Sämtliche Ergebnisse, die durch die bisher erwähnten Methoden erzielt werden konnten, sind jedoch ohne exakte Alterseinstufung für den Paläogeographen weitgehend wertlos. Auch hier kommen zur *relativen Altersdatierung* durch Leitfossilien in jüngerer
Zeit Methoden der *absoluten Datierung* (Geochronometrie). Sie beruhen auf dem Zerfall radioaktiver Elemente (z. B. Uran) oder deren Isotope. Ist die Halbwertzeit bekannt, so läßt sich aus dem jeweiligen Anteil von Ausgangs- und Zerfallsprodukten die Bil-
dungszeit des Minerals berechnen, wie sie sowohl in vulkanischen
als auch in Tiefengesteinen auftreten. Abgesehen von der ^{14}C-Me-
thode, die nur für die Datierung der letzten 50 000 Jahre herangezogen werden kann, haben besonders die Kalium-Argon-, die Rubi-
dium-Strontium- und die Uran-Blei-Methode wertvolle Dienste zur
altersmäßigen Einstufung und Parallelisierung von Ablagerungen
und anderen Gesteinen geleistet. Erst die gesicherte Parallelisierung
gleichaltriger Ablagerungen ermöglicht die exakte Rekonstruktion
paläogeographischer Karten, die letztlich den Ausdruck unseres jeweiligen Kenntnisstandes bilden.

Beispiele paläogeographischer Analysen an Hand typischer Sediment- und Magmagesteine.
Der Löß als äolisches Sediment

Zum besseren Verständnis der vielfältigen Arbeitsmethoden des Paläogeographen und ihrer Aussagen seien einige konkrete Beispiele ausgewählt, die zugleich die Problematik mancher paläogeographischer Interpretationen aufzeigen sollen.

Weite Teile Eurasiens sind vom *Löß,* einem porösen, ungeschichteten, meist gelblichen Staubsand bedeckt. Ganze Landschaften können durch diese Ablagerungen geprägt sein. Nicht nur in China, wo der Löß flächenmäßig die wohl größte Ausdehnung erreicht, sondern auch in Mitteleuropa gibt es richtige Lößlandschaften. Die wohl bekannteste ist das nördliche Niederösterreich, das Weinviertel. Hier ist die Landschaft über weite Gebiete vom Löß geprägt, was sich nicht nur durch den an den Hängen oft in Terrassenform kultivierten Weinbau mit seinen Kellern im Löß bemerkbar macht, sondern auch durch die charakteristischen Hohlwege und Schluchten (Racheln) im Löß, die primär durch die Erosion entstanden sind. Da der Löß sehr standfest, zugleich aber leicht abzugraben und überdies trocken ist, wird das Anlegen von Weinkellern sehr begünstigt.

Der Löß ist ein Staubsand, in dem Korngrößen von 0,02 bis 0,05 mm Durchmesser vorherrschen. Er besteht vorwiegend aus Quarzkörnchen und anderen Silikaten. Der Kalkgehalt der mitteleuropäischen Lösse ist relativ hoch und führt zur Entstehung von Konkretionen, die vom Volksmund als Lößkindln bezeichnet werden. Der Löß ist — sofern er nicht sekundär verschwemmt wurde — ein äolisches Sediment, d. h. er wurde durch den Wind abgelagert. Für den Paläogeographen ergeben sich Fragen, wie: Woher stammt der Löß, wie alt ist er und unter welchen klimatischen Bedingungen wurde er abgelagert? Die sedimentologische Analyse, die Art des Vorkommens, das Auftreten sog. Laimenzonen, also Bodenbildungen, dokumentieren, daß der pleistozäne Löß unter kaltzeitlichen Bedingungen vornehmlich an den damals unbewaldeten Hügeln abgelagert wurde (Abb. 14). Dies wird durch die Fauna bestätigt, die meist in Form von Lößschnecken im Löß anzutreffen ist. Auch die jungpleistozäne Säugetierfauna, die neben heute ausgestorbenen Arten, wie Mammut, Fellnashorn und Steppenwisent, auch (sub)arktische (z. B. Rentier, Moschusochse, Eisfuchs) und alpine Elemente (z. B. Steinbock, Gemse) umfaßt, läßt erkennen, daß der Löß ein Sediment ist, das zu Kaltzeiten im periglazialen — also nicht vereisten — Bereich durch den Wind aus riesigen Überschwemmungsgebieten von Flüssen und aus Gletscherwällen ausge-

Abb. 14. Eiszeitliches Lößprofil mit zwei Bodenbildungen aus Wetzleinsdorf S Ernstbrunn im Weinviertel (Niederösterreich). Die fossilen Böden werden mit den Stillfrieder Bodenbildungen parallelisiert. (Foto THENIUS)

blasen wurde. Die Zusammensetzung der Lößschneckenfaunen ermöglicht eine genauere Beurteilung der Ablagerungsbedingungen, indem die Striata-Fauna (nach *Helicopsis striata*) auf eine Trockensteppe, die Pupilla-Fauna (nach der dominierenden Gattung *Pupilla* mit mehreren Arten) und besonders die Columella-Fauna (nach *Columella columella*) mit Tundren- und alpinen Elementen jedoch auf Kaltsteppen bzw. Tundren hinweisen. Der Löß wurde demnach zu Kaltzeiten abgelagert, als weite Teile Mitteleuropas durch die Absenkung der Baumgrenze um 1000 – 1200 m infolge der damaligen Temperaturminderung (des Jahresmittels) um 8 – 12° C waldfrei waren. Die Vegetation bestand aus Steppen- und Tundrenpflanzen

sowie Zwergsträuchern, wie sie heute in den asiatischen Steppenge-
bieten bzw. in den Alpen und Tundren anzutreffen sind. Dies wird
durch die bereits erwähnten Laimen- oder Verlehmungszonen bestätigt, die im Löß auftreten. Es sind richtige Bodenbildungen, die
zu Warmzeiten entstanden sind. Färbung, Mächtigkeit und petro-
logische Zusammensetzung dieser Bodenbildungen sowie auch deren Lößschneckenfaunen spiegeln die Dauer und Intensität der
Warmzeiten wider. In Niederösterreich reicht die Skala der Paläoböden, wie diese fossilen Bodenbildungen auch bezeichnet werden, von Humuszonen über (Para-)Braunerden und Braunlehme zu
richtigen Roterden und Rotlehmen. Während erstere für die jüngsten Warmzeiten [Interglaziale (=Zwischeneiszeiten) und Interstadiale, also Wärmeschwankungen innerhalb einer Kaltzeit] kennzeichnend sind [z. B. Stillfried-A-Komplex als Äquivalent der letzten Warmzeit=Riß/Würm-Interglazial oder Eem-Zeit; Stillfried-
B-Bodenbildung als Äquivalent des Interstadials zur letzten Kaltzeit, dem (Haupt-)Würmglazial], sind die Roterden bzw. -lehme
für die Warmzeiten der älteren und ältesten Eiszeit typisch. Zu diesen Warmzeiten war — wie die Schneckenfaunen zeigen — das
Klima wärmer und feuchter als gegenwärtig: Es handelt sich um
richtige Waldfaunen mit *Gastrocopta serotina, Helicigona capeki, Ce-
paea nemoralis* und anderen wärmeliebenden Schnecken.

Zusammenfassend ist zu sagen, daß der typische Löß samt seiner Fauna und (Pollen-)Flora als kaltzeitliches, äolisches Sediment
eine Reihe von Aussagen in paläogeographischer (z. B. periglazialer
Bereich mit Lößsteppen, Windrichtung), paläoklimatologischer
(z. B. Kalt- und Warmzeiten) und paläobiogeographischer Hinsicht (Faunen und Floren samt ihrer räumlichen Verteilung) ermöglicht.

Da es auch ältere, jungpliozäne Lösse gibt, ergibt sich das Problem von deren Herkunft (Ausblasungsgebiete).

Braun- und Steinkohlen als einstige „Moor"-Bildungen

Die beiden nächsten Beispiele entstammen gleichfalls dem kontinentalen Bereich. Sie sollen uns in die Tertiär- bzw. Karbonzeit
zurückführen. Braunkohlen- und Steinkohlenlagerstätten sind praktisch weltweit verbreitet. Braunkohlen stammen meist aus der Ter-

tiärzeit, die deswegen auch Braunkohlenformation genannt wird. Mächtige Braunkohlenlager sind etwa aus dem niederrheinischen Revier, aus Mitteldeutschland (z. B. Geiseltal bei Halle/Saale), der ČSSR und Österreich bekannt, wo sie vielfach in riesigen Tagebauen abgebaut werden. Über ihre Entstehung aus Pflanzen besteht kein Zweifel, finden sich doch gelegentlich strukturbietende Reste (sog. Xylite) in den Kohlen selbst, ganz zu schweigen von den meist mergeligen Begleitschichten, die oft massenhaft Reste fossiler Blätter und Früchte enthalten. Gelangten ursprünglich nur makroskopische Reste fossiler Pflanzen zur Auswertung, so hat in den letzten Jahrzehnten die Xylotomie (Holzanatomie), die Kutikularanalyse, die Palynologie (Pollen- und Sporenanalyse) und die Kohlenpetrographie zu wesentlich exakteren Vorstellungen über die Bildung der Kohlen geführt.

Mit Hilfe der genannten Methoden konnten nicht nur die Hölzer der Braunkohlen exakt bestimmt und ihre botanische Zugehörigkeit erkannt werden, sondern durch die Kutikularanalyse (die sich mit der mikroskopischen Untersuchung der Blattepidermis befaßt) auch die oft nur unvollständig erhaltenen Blattreste sowie durch die Palynologie der Blütenstaub annähernd botanisch bestimmt oder gar mit rezenten Arten identifiziert werden. Schließlich erlaubt auch die Kohlenpetrographie nach Art und Menge der einzelnen Pflanzenteile, dem Erhaltungszustand und der Art ihrer Lagerung wichtige Rückschlüsse über die Torfe, die in den Braunkohlenmooren abgelagert wurden. Bereits makroskopisch lassen sich „helle" und „dunkle" Schichten sowie Stubbenhorizonte (im einstigen Boden wurzelnde Baumstämme samt Wurzeln) unterscheiden, die jeweils bestimmten Moortypen entsprechen, wie M. TEICHMÜLLER nachgewiesen hat.

Die Entstehung der Braunkohlen wurde lange Zeit diskutiert, indem einerseits periodisch überflutete Taxodienwälder (Swamp-Theorie von R. POTONIÉ), andererseits trockene Sequoienwälder (Trockenwald-Theorie von W. GOTHAN) als Ausgangsstadien angenommen wurden. Die bereits oben erwähnten zusätzlichen Arbeitsmethoden haben gezeigt, daß an der Bildung der Braunkohlen (z. B. niederrheinische Braunkohle) verschiedene Pflanzenverbände beteiligt waren. Damit wurde die Richtigkeit der Swamp- und der Trockenwaldtheorie bestätigt.

Den Ausgang bildeten offene Seen im Verlandungsstadium, die über Riedmoore (ähnlich den heutigen Everglades in Florida) zu Taxodien-Swamps (ähnlich den „Cypress-swamps" von Louisiana) mit *Taxodium distichum, Nyssa* und *Glyptostrobus,* zu Myricaceen-Cyrillaceen-Bruchmooren führten, die schließlich von „Trocken"wäldern aus Sequoien (*Sequoia langsdorffi,* eine verwandte Form des kalifornischen Rotholzbaumes) abgelöst wurden (Abb. 15). Diese Sequoienwälder waren das Klimax- oder Endstadium und daher entsprechend dauerhaft. Dem entspricht die Feststellung, daß die meisten Stubbenhorizonte von Sequoien und nicht von Taxodien gebildet werden. Derartige Stubbenhorizonte entstanden durch neuerliche Überflutung, die zum Absterben der Bäume, zu ihrem Abfaulen über der Wasseroberfläche und zur Konservierung der „Stubben" führte.

Die aus den Braunkohlen bekannte Tierwelt setzt sich aus Wald-, Sumpf- und Wasserbewohnern zusammen, die samt der Vegetation (z. B. über ihre Zusammensetzung, über die Blattform und -dicke, den Blattrand, die Spaltöffnungen, Träufelspitzen u. dgl.) auch Aussagen in klimatischer Hinsicht ermöglicht. So unterscheiden sich die eozänen Braunkohlen, die unter (sub)tropischen Bedingungen entstanden — wobei Wasserpflanzen, wie etwa die Fiederpalme *Nipa* oder die Wasserhyazinthe *Eichhornia,* auf ein wärmeres Klima hinweisen, als Landpflanzen —, wesentlich von den jungtertiären der warmgemäßigten Klimazone, von denen oben die Rede war. Dies bestätigt auch die Fauna des Eozäns mit Riesenschlangen, Nashornvögeln, Halbaffen, Rattenigeln, Weichschildkröten, Prachtkäfern sowie nach E. VOIGT die Doppelringbildung an den Otolithen („Gehör"steine) der damaligen Süßwasserfische, die auf einen periodischen Wechsel von Trocken- und Regenzeiten hinweisen soll.

Es sind limnisch-terrestrische Ablagerungen, die Aussagen über die Ausbildung der damaligen Landschaft samt ihrer Vegetation und über das Klima ermöglichen. Befunde, die wiederum für die Lösung pflanzengeographischer Probleme (s. o.) von Bedeutung sind.

Eine völlig andere Zusammensetzung zeigt die Steinkohlenflora und -fauna des Karbons. Die Steinkohle ist strukturell und durch den stärkeren Inkohlungsgrad und damit den höheren Heiz-

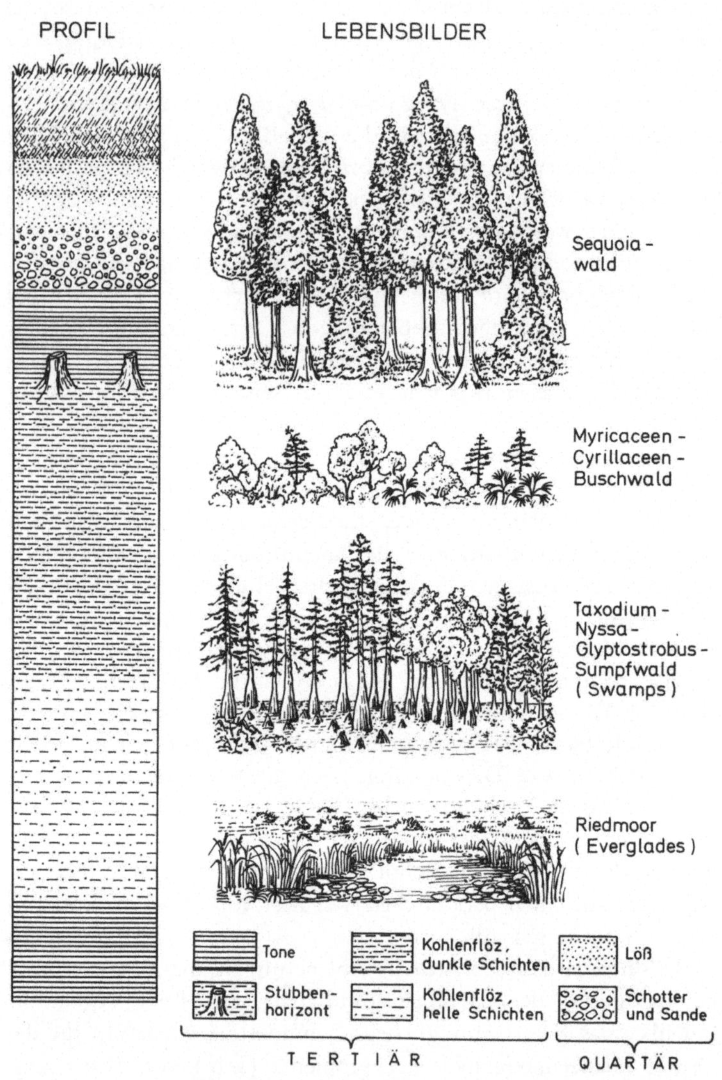

Abb. 15. An der Bildung der tertiärzeitlichen Braunkohle beteiligte Pflanzenverbände, die vom offenen Riedmoorstadium — ähnlich den heutigen Everglades in Florida — über Bruchwaldmoore und Sumpfzypressenwälder (Taxodium swamps) bis zum Sequoia-Trockenwald als End- oder Klimaxstadium reichen. (Nach THENIUS, 1972)

wert von der Braunkohle verschieden. Auch hier lassen sich verschiedene Ausbildungsformen unterscheiden, denen nach der Kohlenpetrographie verschiedene pflanzliche Ausgangsstadien entsprechen. Auch aus den Steinkohlen sind Stubbenhorizonte bekannt geworden, die zeigen, daß Bäume hier wurzelten. Sie stammen je-

Abb. 16. Rekonstruktion des europäischen Steinkohlen„waldes" mit Schuppen- (*Lepidodendron*) und Siegelbäumen (*Sigillaria, links und Hintergrund*), Riesenschachtelhalmen (*Calamites, vorne rechts*), Cordaiten (*Mitte*), Farnsamern und echten Farnen (*Mittelgrund*) sowie Keilblattgewächsen (*Sphenophyllum, vorne*)

doch weder von Laub- noch Nadelbäumen, sondern von baumförmigen Bärlappgewächsen.

Die mächtigsten Steinkohlenlager Mitteleuropas sind aus Nieder- und Oberschlesien, dem Saargebiet und dem rheinisch-westfälischen Becken bekannt. Reste von Steinkohlenpflanzen zählen zu den häufigsten Pflanzenfossilien.

Im Gegensatz zur heutigen Flora, wo die Bedecktsamer (Angiospermen) vorherrschen, dominieren in der Steinkohlenflora die Pteridophyten (Gefäßsporenpflanzen) mit Farnen, Bärlapp- und Schachtelhalmgewächsen (Abb. 16). Sie sind die wichtigsten Steinkohlenbildner. Unter den Bärlappgewächsen sind die Lepidophyten mit den Schuppen- *(Lepidodendron, Bothrodendron)* und Siegelbäumen *(Sigillaria)* zu nennen, die Gesamthöhen von 30 m bei einem Stammdurchmesser von 2 m erreichten. Auch die Schachtelhalmgewächse waren durch baumförmige Formen *(Calamites)* mit Höhen bis zu 20 m sowie durch die Keilblattgewächse *(Sphenophyllum)* vertreten, die mit Schlingpflanzen verglichen werden. Daneben waren Farne mit echten Baumfarnen und krautigen Formen *(Megaphyton, Caulopteris, Pecopteris, Alethopteris)* häufig. Samenpflanzen sind durch die baumförmigen Cordaiten *(Cordaites)* und die farnähnlichen Farnsamer (Pteridospermatophyten: *Neuropteris, Sphenopteris*) nachgewiesen. Auch Moose, Algen und Pilze fehlten nicht.

Die Steinkohlen„moore" entsprechen gleichfalls verschiedenen Biotopen mit unterschiedlichen Pflanzenverbänden. Sie reichten von offenen Wasserflächen über ufernahe Pflanzengesellschaften (z. B. Schachtelhalme), feuchte Lepidophytenwälder mit reichem hygromorphem Unterwuchs aus Farnen, Moosen und Farnsamern bis zu den wohl etwas trockeneren Standorten mit Cordaiten.

Die Tierwelt setzt sich aus verschiedenen Panzerlurchen (Stegocephalen), unter denen sowohl salamanderartige (Labyrinthodonten mit *Diplovertebron, Amphibamus* und verwandte Formen), als auch skink- und schlangenähnliche Formen (Lepospondyli: *Ophiderpeton* und *Dolichosoma*) vertreten waren, aus Reptilien (Cotylosauria), aus Süßwassermuscheln *(Anthracosia)* und Kleinkrebsen (Muschelschaler: *Leaia*), Schnecken und zahlreichen Gliederfüßern zusammen. Unter den letzteren sind altertümliche Spinnen *(Anthracomartus)*, Skorpione *(Isobuthus)*, (Riesen-)Tausendfüßer *(Euphoberia, Acantherpestes)* und zahlreiche Insekten bekannt geworden. Diese sind durch „Ur"-Insekten *(Lithomantis)*, Ur-Schaben *(Phylloblatta)*, Ur-Libellen *(Meganeura)*, Ur-Eintagsfliegen *(Triplosoba)* und Ur-Geradflügler *(Sthenarapoda)* vertreten. Manche von ihnen erreichten Riesenausmaße (z. B. *Meganeura* mit 75 cm Flügelspannweite). „Moderne" Insekten, wie Käfer, Schmetterlinge, Wanzen und Hautflügler, fehlten damals ebenso wie Vögel und Säugetiere.

Die Steinkohlen„moore" waren in den damaligen Niederungen weit verbreitet. Manche von ihnen lagen in Küstennähe, wie sog. paralische Kohlenlagerstätten dokumentieren, wo zwischen den Kohlenflözen Meeresablagerungen (mit marinen Fossilien, wie etwa Ammoniten und Meeresmuscheln) auftreten. Sie sind durch Einschwemmung der Steinkohlenpflanzen entstanden.

Unter welchen klimatischen Bedingungen existierte die Steinkohlenflora? Da sämtliche Pflanzen und Tiere ausgestorben sind, ist die Beantwortung dieser Frage nicht leicht. Dennoch geben verschiedene Kriterien einige Hinweise. Dazu gehören die Kauliflorie der Fruktifikationsorgane bei Lepidophyten, die Mächtigkeit der Baumfarne und das Fehlen von Jahresringen sowie ruhender Stadien (Knospen) ebenso wie der Riesenwuchs unter verschiedenen Gliederfüßern *(Meganeura, Acantherpestes).* Sie sprechen für Bedingungen, wie sie gegenwärtig nur in der tropischen Zone anzutreffen sind. Auch die Ligula, ein häutiges Schüppchen an den Blattpolstern der Lepidophyten, wird erst verständlich, wenn man annimmt, daß sie der Aufnahme von Regenwasser dient, wie es nur in Regen- oder Nebelwäldern der Fall ist. Das Vorkommen in Nebelwäldern ist auch für die rezenten Baumfarne charakteristisch. Sie verlangen zwar keine tropischen Bedingungen, doch müssen Feuchtigkeit und Frostsicherheit gegeben sein.

Diese Feststellung wird bestätigt durch die damaligen Florenprovinzen. Die Steinkohlenflora gehört zur euramerischen Florenprovinz. Sie ist für Europa, Nordafrika und das östliche Nordamerika kennzeichnend, Gebiete, die damals in der tropischen Zone lagen (s. Kap. XI).

Der Flysch als einstige Tiefwasserablagerung

Unser nächstes Beispiel, der Flysch, führt uns in den marinen Bereich. Es soll zugleich die unterschiedlichen Deutungen aufzeigen, die diese Sedimente — entsprechend dem jeweiligen Kenntnisstand — erfahren haben. Als *Flysch* bezeichnet man in der Schweiz Sedimente, die bei starker Durchfeuchtung zum Fließen bzw. zu Rutschungen neigen. Heute wird dieser Begriff zur Kennzeichnung von Ablagerungen mit bestimmten lithologischen Merkmalen verwendet. Flyschsedimente sind weltweit verbreitet und aus sämtlichen Erdzeitaltern bekannt. In den Ostalpen und in den Karpaten ist dieser Begriff für eine stratigraphisch-tektonische Einheit, nämlich die Flyschzone, gebräuchlich. Flyschsedimente sind stets mit Orogenesen, also Gebirgsbildungen, verknüpft.

Typisch für die Flyschzone ist die Eintönigkeit der Sedimente, die aus einer Folge von Mergeln und Mergelkalken, Sandsteinen

Abb. 17. Typische Flyschablagerungen (Sieveringer Schichten) mit der charakteristischen Wechsellagerung von dünnen Tonmergellagen und dickbankigen Sandsteinen. Die Schichtfolge ist tektonisch verstellt, und zwar überkippt, d. h. die Schichtunterseite (*links*) sichtbar. Gspöttgraben, Wien-Sievering. (Aus KÜPPER, 1965)

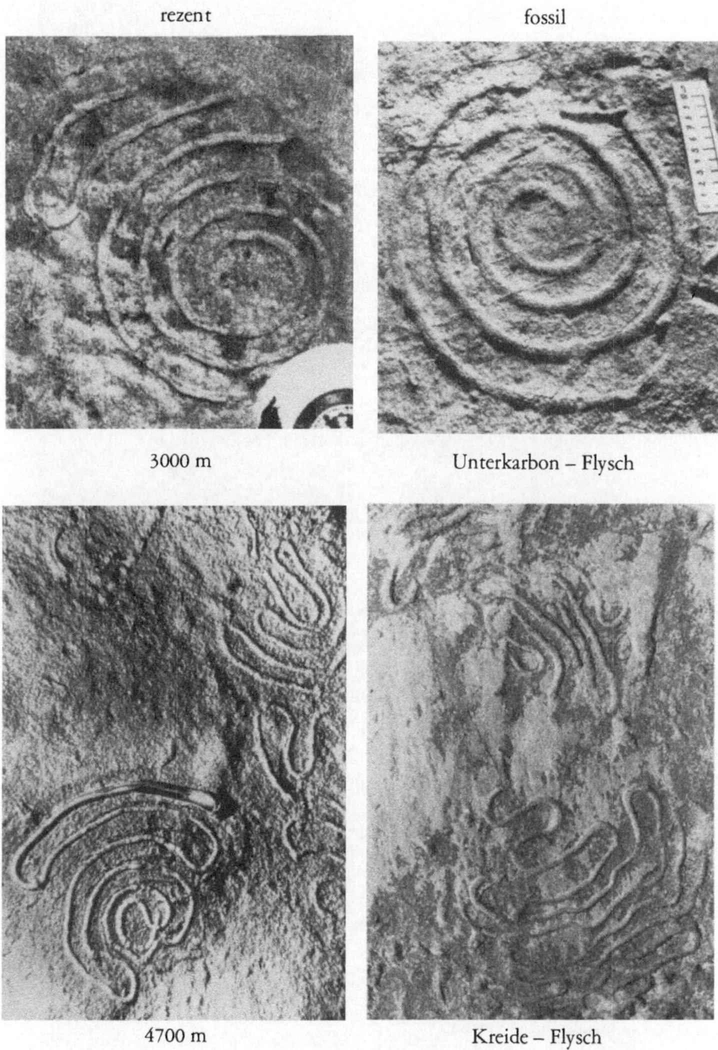

Abb. 18. Fossile Lebensspuren aus Flyschablagerungen (*rechts*) und ihre rezenten Gegenstücke aus der Tiefsee (*links*), verkleinert. (Nach SEILACHER, 1967, aus THENIUS, 1972)

und Tonschiefern besteht und die sich als Teil der alpidisch entstandenen Gebirgszüge über Tausende von Kilometern hinweg verfolgen läßt. Dazu kommen die Seltenheit von Makrofossilien, der Reichtum an Lebensspuren, wie man die Tätigkeitsspuren fossiler Organismen (z. B. Kriech- und Weidespuren, Wohn- und Freßbauten) bezeichnet, und eine Fülle von Strömungsmarken in den Sandsteinbänken. Die Sedimente der Flyschzone sind tektonisch meist stark verstellt, so daß Liegendes und Hangendes erst von Fall zu Fall festgestellt werden muß (Abb. 17).

Sieht man von der ursprünglichen Deutung des Flysch als Ablagerungen von Schlammvulkanen ab, so wurden die Flyschsedimente aufgrund der zahlreichen Lebensspuren (Abb. 18) und des auffälligen Mangels an Großfossilien [gelegentlich finden sich Ammoniten, Reste von Muscheln (Inoceramen), fossile Hölzer, ferner Pflanzenhäcksel und fossiles Harz] als Ablagerungen des Ebbe-Flut-Bereiches gedeutet. Man dachte sowohl an Wattablagerungen, wie sie etwa von der Nordseeküste bekannt sind, als auch an die Mangrovenzone, wie sie gegenwärtig für tropische Flachmeerküsten kennzeichnend ist. Mangroven sind ans Leben im flachen Salz- und Brackwasser angepaßte Pflanzen mit Stelzwurzeln und weiteren Adaptationen an ihren Lebensraum.

Nach der lithologischen Analyse sind die Flyschsedimente allerdings weder im Ebbe-Flut-Bereich noch überhaupt im Flachmeer — das mit etwa 200 m Tiefe begrenzt wird — abgelagert worden, sondern in jenem Tiefwasserbereich, der als bathyal bezeichnet wird (200 – 4000 m). Der über große Entfernungen hinweg feststellbare regelmäßige Wechsel von dicken Sandsteinbänken (mit einer Geopetalschichtung = „graded bedding", d. h. korngrößenmäßige Sortierung, syngenetischen Faltungserscheinungen und Feinschichtung) mit feingeschichteten Kalkmergeln ist nämlich typisch für sog. Turbidite, wie Ablagerungen von marinen Trübeströmen bezeichnet werden (Abb. 19). Rezente Turbidite sind erst in den letzten

Abb. 19. Lithologische Kennzeichen von Flyschablagerungen. *Oben:* Strömungsmarken (Wülste) und große Rillenmarke (*A*) auf der Schichtunterseite einer Sandsteinbank. Strömung von rechts nach links. *Unten:* Gradierte oder Geopetalschichtung mit dreimaliger Gradierung im Profil, wie sie für Turbidite charakteristisch ist. (Nach PETTIJOHN und POTTER, 1964)

Jahrzehnten durch ozeanographische Untersuchungen im Bereich unterhalb des Kontinentalsockels genauer bekannt geworden. Ihre Folgeerscheinungen, wie etwa Brüche von Tiefseekabeln, hatte man allerdings schon vor Jahrzehnten registriert, ohne sie richtig deuten zu können. Das Fehlen von Kennzeichen des Flachmeerbereiches, wie Priele, Oszillations- oder Wellengangsrippeln, rascher Schichtwechsel auf kurze Entfernung, Kohlenflöze u. dgl. stützt die Deutung. Sie wird schließlich bestätigt durch die Mikrofauna [vorwiegend sandschalige Foraminiferen, Planktonforaminiferen und Nannoplankton (Coccolithen)] und die Lebensspuren, die von jenen des neritischen Bereiches (z. B. Molasse) völlig verschieden sind. Auch das häufige Vorkommen von Fließ- und Strömungsmarken sowie das über weite Entfernungen gleiche Schwermineralienspektrum (z. B. Chromit- oder Granatvormacht), das übrigens für die Herkunft des Liefergebietes der Sedimente wichtig ist, findet so seine Erklärung.

Der Nachweis, daß der Flysch in größerer Meerestiefe (bathyal) abgelagert wurde, ist eine paläogeographisch äußerst wichtige Erkenntnis. Sind doch damit auch wesentliche Konsequenzen für die Tektonik, die sich mit den Gebirgsbildungen befaßt, gewonnen worden. Schon daraus wird ersichtlich, wie wichtig bathymetrische Indikatoren sind, die Aufschluß über die Meerestiefe geben, in der die Ablagerungen gebildet wurden.

Die Molasse als Flachmeer- und Seenbildung

Als Gegenstück zum Flysch sei die *Molasse* (vom lat. molare = mahlen) erwähnt. Bildet der Flysch einen Teil der Alpen und anderer alpidischer Gebirge, so ist die Molassezone als außeralpines Element zu bezeichnen, welches für das Vorland typisch ist. Hier kam in der Spätphase der alpidischen Orogenese, also zur Tertiärzeit, der Abtragungsschutt der Gebirge nach deren Hebung zur Ablagerung. Dementsprechend vielfältig sind die Sedimente. Konglomerate und Schotter, Sandsteine und Sande, Mergel, Tone, Kalke und Kohlenflöze sind die häufigsten Ablagerungen der Molassezone. Kreuzschichtung, rascher Wechsel der Sedimente auf engem Raum, meist reiche Fossilführung (Makro- und Mikrofossilien) und kennzeichnende Lebensspuren sind typisch. Wie lithologische und paläontologische Analysen erkennen lassen, sind es Fluß-, See- und Flachmeerablagerungen. Im schweizerischen und bayerischen Raum kommt es infolge tektonischer Ereignisse während der Tertiärzeit zu einem zweifachen Wechsel von Meeres- und Süßwassermolasse, wobei Brackwassermolasse als Übergang entwickelt sein kann. Brackwasserablagerungen unterscheiden sich von limnischen und marinen nicht nur durch die Zusammensetzung, sondern auch durch die Artenarmut der Fauna, die durch den Individuenreichtum kompensiert wird. Die Molassesedimente sind gegenüber dem Flysch meist flach gelagert. Sie sind tektonisch ungestört, nur in ihrem südlichen Bereich kommt es durch die Überschiebung der Alpen zur Faltung. Der einstige Küstenverlauf läßt sich verschiedentlich an terrassenförmigen Einebnungsflächen mit Brandungshohlkehlen (Kliffs) verfolgen. Dazu kommen Bohrmuschellöcher von Ätzmuscheln *(Lithophaga),* wie sie auch gegenwärtig für die Küstenzone typisch sind.

Für den Paläogeographen sind außerdem sedimentpetrologische Untersuchungen wichtig. Zu diesen zählen sowohl granulometrische Analysen (zur Bestimmung der Kornfraktion) als auch die Geröllanalyse. Letztere ermöglicht nicht nur Angaben über die Herkunft der Gesteinskomponenten, sondern auch — in Verbindung mit der altersmäßigen Einstufung durch Leitfossilien — Aussagen über den Zeitpunkt gebirgsbildender Ereignisse, die zur Hebung und damit zur verstärkten Abtragung führten. Durch die Analyse der Tonmineralien wiederum, wie sie etwa bei der Verwitterung aus kristallinen Gesteinen (z. B. Granit, Diorit, Gneis, Glimmerschiefer) entstehen, sind Aussagen über das einst herrschende Klima möglich. Im feuchtwarmen Klima kommt es durch chemische (hydrolytische) Verwitterung zur Bildung von silikatischen Tonmineralien, wie Kaolinit, Illit und Montmorillonit, während im ariden oder Trockenklima die physikalische Verwitterung dominiert, die etwa zur Entstehung von Quarzsanden und zur Salzsprengung führt.

Auch auf die Bildung von sog. Bohnerzen und der Augensteinlandschaft in den Ostalpen sei in diesem Zusammenhang hingewiesen. Als Augensteine werden nämlich die Reste einer Schotterdecke bezeichnet, die im Jungtertiär durch Flüsse aus den Zentralalpen in die nördlich davon gelegenen Kalkalpen transportiert wurden, die damals noch eine Flachlandschaft bildeten. Sie bestehen aus kristallinen Gesteinen, Quarz, Kieselschiefern und anderen ortsfremden Komponenten, wie sie für die Zentralalpen und die Grauwackenzone kennzeichnend sind. Sie sind auf Plateaubergen (z. B. Dachstein) in Mulden, Spalten und Höhlen der Nördlichen Kalkalpen in Resten erhalten geblieben. Diese heute nicht oder kaum mehr erhaltene Flachlandschaft wird als Augensteinlandschaft bezeichnet. Damals, im jüngeren Oligozän, entwässerten die Zentralalpen noch über die Nördlichen Kalkalpen nach Norden. Am Ostrand der Böhmischen Masse blieben Reste einer solchen Altlandschaft unter Sedimenten des ältesten Jungtertiärs konserviert. Sie werden von einer Kaolinschicht bedeckt, die durch tiefgründige Verwitterung unter dem damaligen, zumindest subtropischen Klima entstanden ist.

Mit der Verlandung der Molassezone zur jüngsten Tertiärzeit setzt nicht nur die Flußgeschichte (z. B. Ur-Donau), sondern auch die eigentliche Landschaftsgeschichte in diesem Bereich ein.

Die Gosau-Schichten als Ablagerungen der tropischen Zone

Auch die *Gosau-Schichten* sind ähnlich wie der Flysch für die Ostalpen charakteristisch. Sie zählen zur kennzeichnendsten und fossilreichsten Schichtserie der Ostalpen überhaupt. Gegenwärtig sind Gosau-Schichten (benannt nach dem Becken von Gosau in Oberösterreich) auf räumlich getrennte Becken im Bereich der Nördlichen Kalkalpen beschränkt (z. B. Brandenberger Gosau N Rattenberg in Nordtirol, Becken von Abtenau in Salzburg, von Gosau, Windischgarsten und Gams in Oberösterreich, Grünbach-Neue Welt in Niederösterreich, Kainach bei Graz/Steiermark und Krappfeld in Kärnten), doch sind dies nur Reste einer einst einheitlichen Bedeckung. Ihr Vorkommen, die Zusammensetzung der Sedimente und Gesteine sowie die Fossilführung lassen eine Reihe wertvoller paläogeographischer Schlußfolgerungen für diesen Altersabschnitt der Alpen zu. Die lithologisch recht mannigfaltigen Gosau-Schichten wurden zur jüngeren Oberkreidezeit abgelagert. Sie sind demnach Altersäquivalente der (älteren) Flyschsedimente. Die Gosau-Schichten greifen transgressiv, d. h. durch eine Meeresüberflutung, mit basalen Konglomeraten und Breccien über verschiedenaltrige Gesteine der Nördlichen Kalkalpen. Ihrer Ablagerung sind gebirgsbildende Vorgänge vorausgegangen, die zur tektonischen Deckenbildung und Überschiebung ganzer Gesteinskomplexe geführt haben. Es waren die vor-cenomane und die vor-gosauische Gebirgsbildung, die in den Ostalpen vor mehr als 80 Mil-

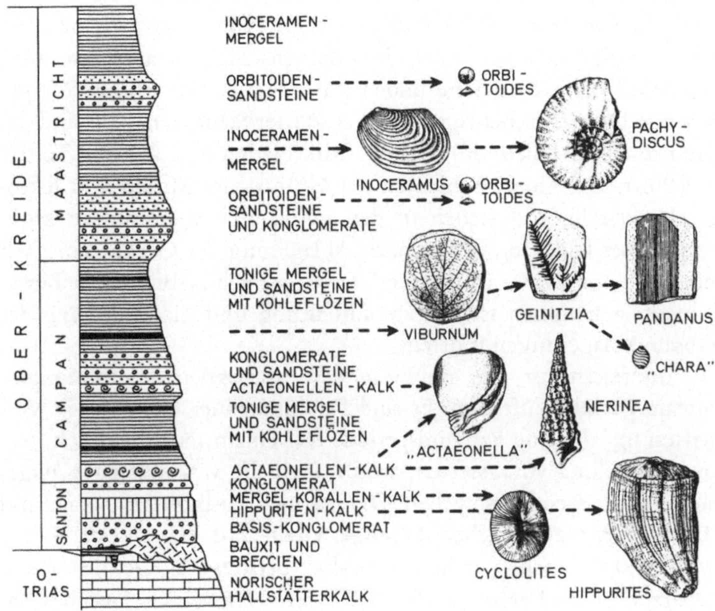

Abb. 20. Profil der Gosauschichten (Oberkreide) von Grünbach in Niederösterreich (Schema) mit kennzeichnenden Versteinerungen (nicht maßstäblich). (Profil nach PLÖCHINGER, 1967, verändert und ergänzt umgezeichnet)

lionen Jahren wirksam waren und zur Überschiebung der Nördlichen Kalkalpen über die heutige Zentralzone der Alpen und damit zu ihrem Deckenbau führte. Als Decken werden von den Geologen tektonisch transportierte, nunmehr wurzellose Gesteinskomplexe bezeichnet.

Die Schichtfolge ist in den einzelnen Gosau-Becken etwas verschieden. Wir wollen sie uns in der Mulde von Grünbach und der Neuen Welt am Fuße der Hohen Wand etwas näher ansehen, wo sie eine Gesamtmächtigkeit von etwa 1700 m erreicht (Abb. 20).

Über den Basiskonglomeraten und -breccien, welche die vorhergegangene Gebirgsbildung erkennen lassen, folgen Hippuriten- und Korallenkalke, Actaeonellenschichten sowie kohleflözführende Tonschiefer, tonige Mergel und Sandsteine mit konglomeratreichen, linsenförmigen Einschaltungen, die von Inoceramenmergeln abgelöst werden, in die Orbitoidensandsteine eingeschaltet sind, die bereits im Gelände als bewaldete Hügelzüge zwischen den landwirtschaftlich genutzten Inoceramenschichten auffallen. Den Abschluß der Gosau-Serie bilden gut geschichtete sandige Mergel mit Sandsteinzwischenlagen (Zweiersdorfer Schichten). Sie sind das jüngste Schichtglied, das nach der Mikrofauna dem ältesten Tertiär angehört. Die Gosau-Schichten der Grünbacher Mulde sind tektonisch verstellt und stehen in den randlichen Muldenteilen senkrecht. Dies bedeutet, daß es nach Ablagerung der Gosau-Schichten neuerlich, und zwar im älteren Tertiär, zu gebirgsbildenden Bewegungen gekommen ist, die zur Einfaltung und Einschuppung der Gosau-Ablagerungen führten.

Interessant ist, daß im Liegenden der basalen Gosau-Konglomerate Bauxite auftreten. Es sind Produkte einer lateritischen Verwitterung, die eine Festlandsperiode mit einem feuchtwarmen, tropischen Klima voraussetzen, wofür auch die verkarsteten Kalkgesteine im Liegenden sprechen. Die marinen Basiskonglomerate und -breccien enthalten neben Trias-Gesteinen und Material der Grauwackenzone auch „exotische", also ortsfremde Gerölle (z. B. Quarzporphyr, Diabas, Lydite). Die im Hangenden anstehenden Hippuriten- oder Rudistenkalke zählen zu den interessantesten „Riff"bildungen der Vorzeit. Sie sind vorwiegend aus koloniebildenden, festgewachsenen Muscheln (Rudisten: *Hippurites, Radiolites, Plagioptychus*) aufgebaut, deren Gehäuse im Zusammenhang mit der Sessilität weitgehend umgestaltet war. Die festgewachsene becher- bis röhrenförmige „Klappe" wurde durch eine deckelförmige Klappe verschlossen. In anderen Gosau-Becken sind die Hippuriten oft nicht in Lebensstellung erhalten, sondern durch Meeresströmungen umgelagert und „regellos" im Sediment eingebettet.

Die im wesentlichen auf den Tethys-Bereich (s. Kap. VII) beschränkten Rudisten starben am Ende der Kreidezeit aus. Rezente Vergleichsformen, die Aussagen über ihre Lebensweise ermöglichten, fehlen daher. Nach der Schalendicke der Gehäuse, der Artenfülle und der Begleitfauna (z. B. Riffkorallen) waren es Bewohner tropischer Flachmeere.

Über den Hippuritenkalken folgen im Profil die Actaeonellenschichten, dunkle Mergel mit dickschaligen Meeresschnecken („Actaeonellen" = *Trochacteon gigantea* usw.), deren massenhaftes Auftreten eine Verminderung des Salzgehaltes vermuten läßt. Im Hangenden kommt es zur Aussüßung, wie Süßwasseralgen (Characeen) und Süßwasserschnecken zeigen, und schließlich zur Verlandung. Diese wird durch Kohlenflöze mit einer reichen Flora aus Bedecktsamern [Palmen, Schraubenpalmen *(Pandanus)* usw.], Nadelholzgewächsen und Farnen bestätigt. Die Flora und auch die damalige Reptilfauna mit Dinosauriern, Krokodilen, Flugechsen und Schildkröten weisen auf das einstige tropische Klima hin. Es waren teilweise richtige Ästuarsedimente, die im Hangenden wiederum von rein marinen Ablagerungen (Inoceramenmergeln, Orbitoidensandsteine und Zweiersdorfer Schichten) abgelöst wurden. Die Inoceramenmergel verdanken ihren Namen großwüchsigen Muscheln (Inoceramen). Sediment (z. T. Turbidite) und Fauna (Ammoniten, Belemniten, Foraminiferen) zeigen, daß es sich um die Beckenfazies handelt, während die nach den gesteinsbildenden Großforaminiferen benannten Orbitoidensandsteine — zumindest ursprünglich — der Randfazies entsprechen. Die Zweiersdorfer Schichten wurden — wie schon erwähnt — zur ältesten Tertiärzeit abgelagert. Sie zeigen durch Lebensspuren und Mikrofauna Anklänge an Flyschsedimente.

Für die paläogeographische Auswertung sind, wie bereits für den Flysch erwähnt, Schwermineralien wichtig, unter denen das Vorkommen von Chrom-Spinell samt ophiolithischem Detritus besondere Hinweise gibt. Dieser Chrom-Spinell stammt aus ophiolithischen Gesteinen, von denen in einem der folgenden Abschnitte noch ausführlicher die Rede sein wird. Er tritt vor allem in den santon-zeitlichen Schichten auf. Ursprünglich wurden ophiolithreiche Inselketten als Lieferanten dieser Schwermineralien angesehen. Nach den modernen Vorstellungen im Sinne der Plattentektonik (s. Kap. V) handelt es sich um Reste des einstigen Ozeanbodens, der im Zuge der alpidischen Gebirgsbildung aufgeschürft, durch Erosion freigelegt und schließlich aufgearbeitet worden ist.

Der Dachsteinkalk als einstige Riffbildung

Mit den Gosau-Schichten haben wir eine Schichtserie kennengelernt, die wiederum zahlreiche paläogeographisch wichtige Einsichten gestattete. Der Dachsteinkalk soll uns zu einem weiteren, jedoch etwas älteren und rein marinen Schichtglied der Nördlichen Kalkalpen führen.

Die *Dachsteinkalke* der Obertrias bilden eines der markantesten Schichtglieder der Kalkalpen. Sie verdanken ihren Namen der typischen Ausbildung im Dachsteingebirge (Salzkammergut). Sie bauen jedoch auch in den benachbarten Landesteilen in einer Mächtigkeit von mehreren hundert Metern ganze Gebirgsstöcke auf (z. B. Gosaukamm, Tennengebirge, Hoher Göll, Hochkönig, Watzmann). Man unterscheidet den gebankten (z. B. Hoher Dachstein) und den massigen Dachsteinkalk (z. B. Gosaukamm). Nach eingehenden lithologischen und paläontologischen Untersuchungen, die durch vergleichende Studien in heutigen Flachmeerbereichen, wie etwa im Bereich der Bahamas, ergänzt wurden, entspricht der Dachsteinkalk einstigen „Riffen" des Obertriasmeeres, das als Flachmeer die westlichste Bucht des damaligen Tethys-Meeres bil-

Abb. 21. Der Gosaukamm bei Gosau in Oberösterreich als Beispiel eines Gebirgszuges aus massigem, ungebankten Dachsteinkalk („Riff"-Fazies) der Obertrias. (Nach ZAPFE, 1957, aus THENIUS, 1972)

dete. Ähnliche Riffkalke sind aus Südtirol (z. B. Schlern-Dolomit, Marmolata-Kalk) bekannt, wo sie gleichfalls ganze Bergstöcke, wie etwa Latemar, Rosengarten, Schlern, Sella, Langkofel und Marmolata, aufbauen, wie erstmals FERDINAND VON RICHTHOFEN erkannte. Hier ist auch die Verzahnung mit den einstigen Beckensedimenten (z. B. Cassianer und Wengener Schichten) viel deutlicher als in den Nördlichen Kalkalpen. Diese Beckenablagerungen fallen meist als mergelige Schichten viel leichter der Verwitterung anheim.

Nun aber wieder zurück zum Dachsteinkalk der Nordalpen. Während die massige Ausbildung dem „Riff"kern, also dem zentralen „Riff"bereich entspricht (Abb. 21), kann der gebankte Dachsteinkalk der Lagunenfazies oder dem Rückriffbereich gleichgesetzt werden. Der „Riff"kalk baut sich aus „Riff"korallen (z. B. *Thecosmilia, Astraeomorpha,* Thamnasterien, Stylophylliden) und Einzelkorallen *(Montlivaltia),* aus Kalkschwämmen (Sphinctozoa und Inozoa), Hydrozoen *(Stromatomorpha),* Bryozoen und Kalkalgen (Codiaceen, Dasycladaceen und Solenoporaceen) auf (Abb. 22). Zu diesen „Riff"bildnern kommen zahlreiche „Riff"bewohner, wie Krebse, Fische, Muscheln, Schnecken und Stachelhäuter. „Riff"korallen und Kalkalgen zeigen, daß die Bildung des „Riffes" (=Bioherm) im oberflächennahen, bewegten Meerwasser der Tropenzone erfolgte. Verschiedentlich sind die Fossilreste jedoch durch Dolomitisierung oder Umkristallisation zur Unkenntlichkeit zerstört oder gar völlig verschwunden, wie es für den Dolomit typisch ist.

Der gebankte Dachsteinkalk (Abb. 23) zeigt meist eine Gliederung in verschiedene Schichtzyklen mit tonigen Lagen an der Basis, feingeschichteten Sedimenten mit Algenrasen und -krusten (Stromatolithen), die als Loferite bezeichnet werden, und schließlich Horizonten mit massenhaftem Vorkommen von Dachsteinmuscheln (Megalodonten), Kalkalgen und Stachelhäuterresten. Die Megalodonten sind z. T. recht großwüchsige Muscheln, die oft doppelklappig, also in Lebensstellung vorkommen (Abb. 24). Die Megalodonten lebten im Kalkschlamm der Lagunen hinter dem eigentlichen „Riff", wo es durch die hohe Temperatur immer wieder zur starken Verdunstung und damit zeitweise zur Übersalzung bzw. wohl auch zum Austrocknen kam. Wie Untersuchungen an heutigen Lagunen von Karbonatplattformen (z. B. Bahamas) gezeigt ha-

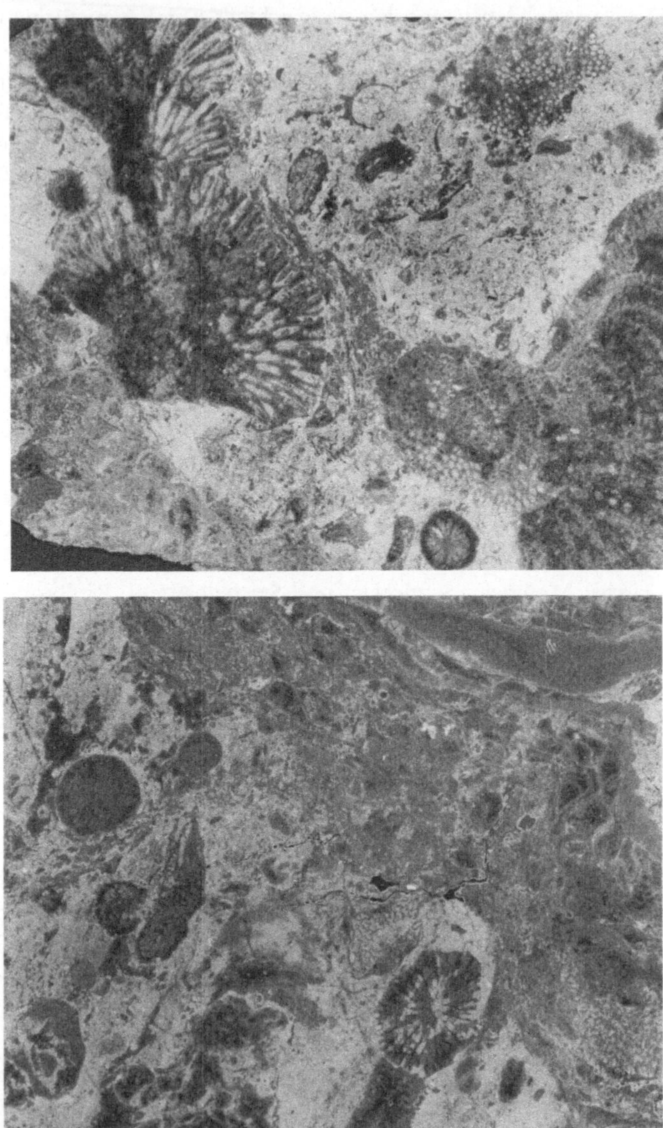

Abb. 22. Dünnschliffe des norischen Dachstein-„Riff"kalkes mit Korallen, Bryozo-
en und Kalkalgen vom Gosaukamm, Oberösterreich. Etwa natürliche Größe.
(Schliffe von A. TOLLMANN, Wien, freundlicherweise zur Verfügung gestellt)

Abb. 23. Der Gipfel des Hohen Dachstein (Oberösterreich) als Beispiel für einen Gebirgsstock aus gebanktem Dachsteinkalk (Lagunen-Fazies) der Obertrias. (Aus TOLLMANN, 1976)

ben, kommt es bereits syngenetisch, d. h. während der Ablagerung der Sedimente, zur Dolomitisierung und nicht nur sekundär zur Dolomitbildung.

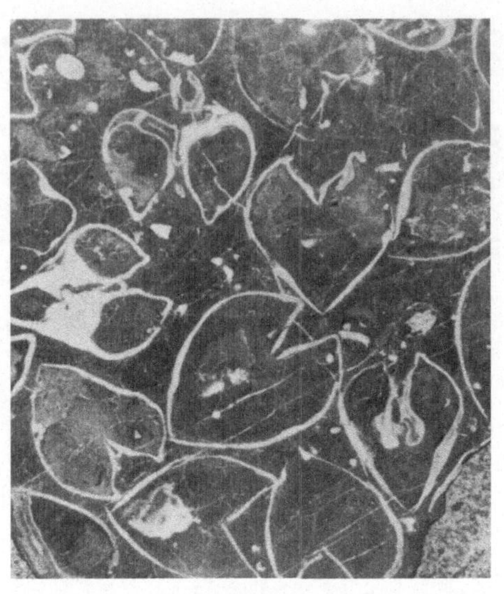

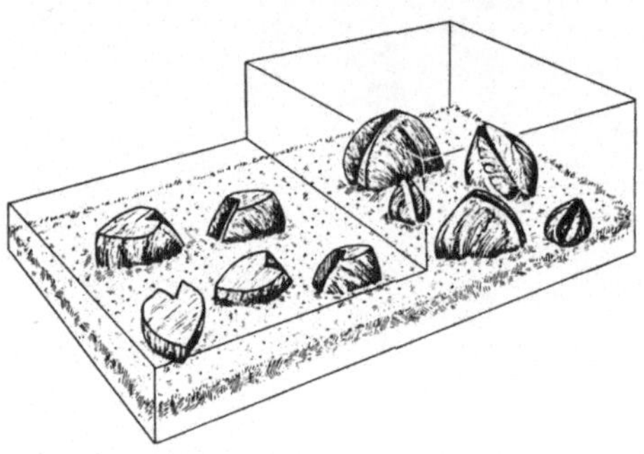

Abb. 24. Dachsteinmuscheln (Megalodonten) aus dem gebankten Dachsteinkalk. *Oben:* Querschnitte der doppelklappig erhaltenen Megalodonten (*Conchodus infraliasicus*) vom Paß Lueg, Salzburg, verkleinert. *Unten:* Blockdiagramm mit Dachsteinmuscheln in Lebensstellung in ihrem Lebensraum (Kalkschlamm). *Links:* Entstehung der Querschnittsbilder durch Verwitterung. (Nach Zapfe, 1957, aus Thenius, 1972)

Die große Mächtigkeit der Dachsteinkalke ergibt sich aus dem ständig sinkenden Meeresboden, mit dem das „Riff"wachstum Schritt gehalten hat. Über ihre Verbreitung im mittleren Bereich der Nördlichen Kalkalpen orientiert Abb. 25.

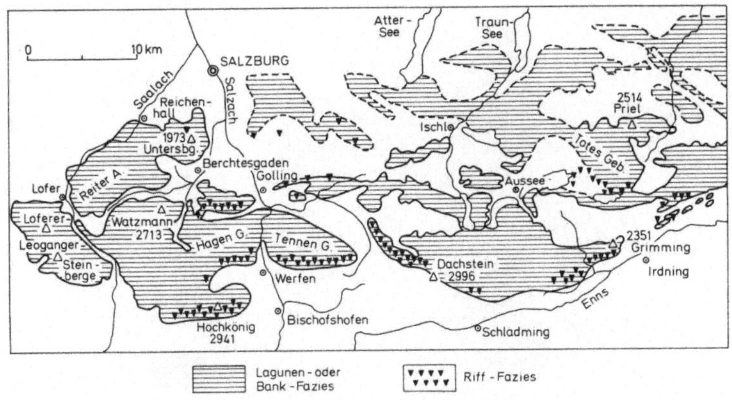

Abb. 25. Die Verteilung der „Riff"- und Lagunen-Fazies zur Obertrias im mittleren Bereich der Nördlichen Kalkalpen. (Nach ZANKL, 1969, und ZAPFE, 1962, kombiniert und verändert umgezeichnet)

Evaporite als Salinarbildungen

Haben wir mit dem gebankten Dachsteinkalk Ablagerungen aus einem nur zeitweise übersalzenen Milieu kennengelernt, so sind *Evaporite* typische Salinarbildungen. Bekannte Beispiele für derartige Evaporite sind die Zechsteinsalze der DDR und Nordwestdeutschlands, die alpinen Salzlagerstätten des Salzkammergutes in Österreich und die Stein- und Kalisalze des Rheintalgrabens. Weitere Lagerstätten sind aus Großbritannien, Spanien, dem Elsaß, Polen, Rumänien und der UdSSR, aus den USA und Kanada, aus dem Iran, Indien, China und Japan, aus Nordafrika sowie aus Australien bekannt. Meist sind es Steinsalzvorkommen, während Kalisalze viel seltener sind. Es sind vielfach mehrere hundert Meter mächtige Lagerstätten. Da das spezifisch leichtere Salz dem Gebirgsdruck ausweicht, kommt es zum Fließen des Salzes und vielfach zur Entstehung von Salzstöcken oder Diapiren, also von steilen Flanken begrenzten Salzkörpern, die im ariden Klima bis an die Erdoberfläche wandern und sich dort gletscherartig ausbreiten können. Derartige Salzgletscher sind z. B. aus dem Iran bekannt.

Hier drängen sich vor allem zwei Fragen auf. Wie kam es zur Entstehung derartig mächtiger Salzlagerstätten und wie alt sind sie?

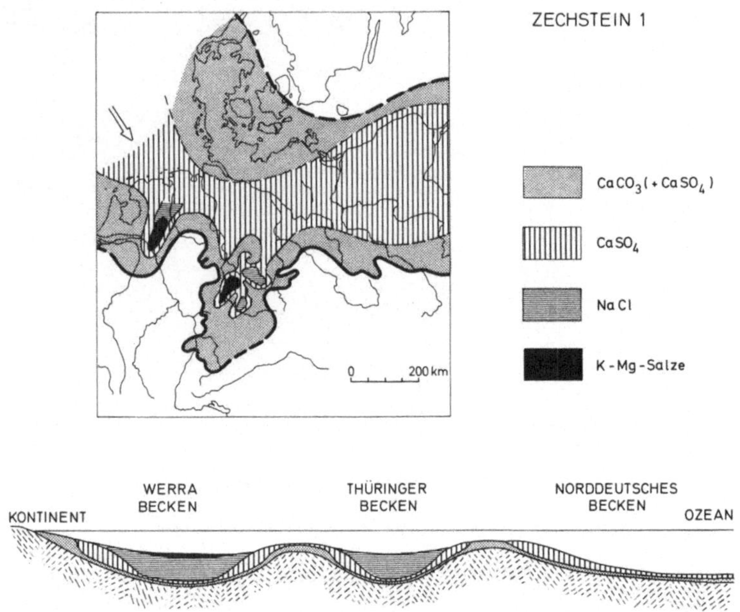

Abb. 26. Paläogeographie des Zechstein-Meeres (Zechstein 1) im Oberperm in Nord- und Mitteldeutschland (*oben*). Die drei wichtigsten Becken (Werra-, Thüringer und Norddeutsches Becken) mit unterschiedlichen Lagerstätten (*unten*). (Nach RICHTER-BERNBURG, 1955, verändert umgezeichnet)

Die Zechsteinsalze entstanden — wie bereits der Name andeutet — im Oberperm, zur Zeit des Zechsteinmeeres, das weite Teile von Mitteleuropa bedeckte (vgl. Kap. VII, Abb. 26). Bei den alpinen Salzlagerstätten war die Alterseinstufung bis vor wenigen Jahren problematisch, da die Salztektonik die ursprüngliche stratigraphische Abfolge völlig gestört hat bzw. die Salze und ihre tonigen Begleitschichten, das sog. „Haselgebirge", keine Makrofossilien enthalten. Erst die palynologische Analyse mittels pflanzlicher Sporen durch W. KLAUS ergab die Einstufung in das jüngere Perm und damit die annähernde Gleichsetzung mit den deutschen Zechsteinsalzen. Seitherige Untersuchungen mit der Schwefelisotopenmethode haben diese Altersdatierung bestätigt. Die Salzlagerstätten des Oberrheintales stammen aus dem älteren Tertiär. Schon mit diesen wenigen Beispielen ist aufgezeigt, daß die Bildung von Salzlagerstätten zu verschiedenen Zeiten erfolgte. Besonders interessant ist in diesem Zusammenhang, daß unter dem Meeresboden des Mittelmeeres durch Bohrungen der „Glomar Challenger" mächtige Evaporite nachgewiesen werden konnten.

Über die Entstehung von Salzlagerstätten gibt es verschiedene Auffassungen. Salzlager bilden sich hauptsächlich durch Abscheidung aus dem Meerwasser, sofern die Verdunstung den Zufluß und Niederschlag mengenmäßig übertrifft. Dies bedeutet, daß Salzlager nur in einem ariden Klima entstehen. In derartigen Klimazonen können auch Süßwasserseen versalzen und zur Salzablagerung führen (vgl. Kap. VIII). Wie sind nun aber die viele Meter dicken, fast reinen Gipslager und die z. T. mehrere hundert Meter mächtigen Steinsalzlager zu erklären, wenn nach dem bekannten Kieler Meeresgeologen E. SEIBOLD 1000 m Meerwasser nur 0,75 m Gips und 13,7 m Steinsalz ergeben? Kam es zu einer Eindunstung von entsprechend tiefen Meeresteilen, wie es gegenwärtig für die Entstehung der jungmiozänen Evaporite des Mittelmeeres verschiedentlich angenommen wird, oder genügten flache Nebenmeere bzw. Lagunen in ariden Gebieten, bei denen ein fortwährender Nachfluß von Meerwasser erfolgen konnte, ohne daß die sich dabei immer stärker anreichernde Salzlauge zurückfließen konnte (Barren-Theorie von OCHSENIUS, Abb. 27). Gegenwärtig bietet der etwa 150 km breite und nicht über 15 m tiefe Adschi-darja oder Kara-Bogaz-Gol (= Karabugas) an der Ostseite des Kaspischen Meeres das klassi-

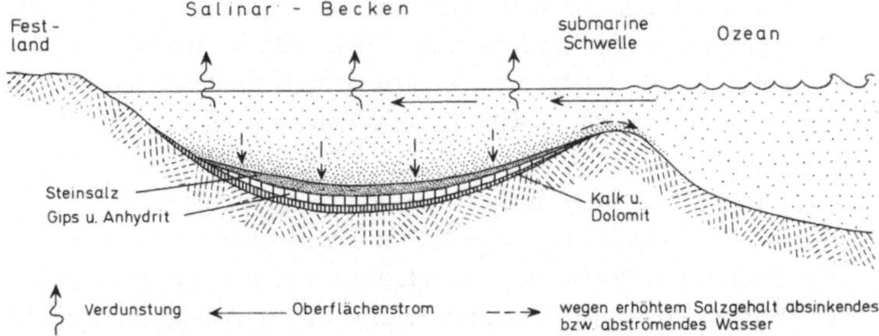

Abb. 27. Die Barren-Theorie von OCHSENIUS zur Erläuterung der Entstehung von Salzlagerstätten. Durch eine submarine Schwelle vom offenen Ozean getrenntes Becken, in dem es unter ariden Klimabedingungen durch Verdunstung zur Ablagerung von Gips, Anhydrit und Steinsalz kommt (Schema)

sche Beispiel dafür. Diese durch zwei schmale, aus Sand bestehende Landzungen vom Kaspischen Meer getrennte Salzlagune ist nur durch einen etwa 5 km langen und 100 – 500 m breiten Kanal mit letzterem in Verbindung. Der Wasserspiegel liegt etwa 3 m tiefer als jener des Kaspischen Meeres, wodurch sich ein ständiger Wasserstrom in dieses Nebenbecken ergießt. Er reicht jedoch nicht aus, um das verdunstende Wasser im Nebenbecken völlig zu ersetzen. Der Salzgehalt des Wassers wird dabei von etwa 13‰ auf weit über 200‰ erhöht, doch schwankt der Salzgehalt innerhalb längerer Perioden. Wegen Übersättigung scheidet sich bereits reichlich Gips ab, während Steinsalz ursprünglich noch in Lösung verblieb. Über der Gipsschicht lagert sich in der Beckenmitte Glaubersalz (Mirabilit) ab, und seit 1939 kommt es auch zur Abscheidung von Steinsalz in wachsender Menge.

Die Abscheidung von Salzen aus konzentrierten Lösungen erfolgt in der Reihenfolge ihrer zunehmenden Löslichkeit. Auf Karbonate (Kalk, Dolomit) folgen Gips oder Anhydrit, dann Steinsalz und schließlich die Kalium- und Magnesiumsalze. Diese Abfolge läßt sich in den Zechsteinlagerstätten von Niedersachsen-Thüringen mehrfach beobachten (Werra-, Staßfurt-, Leine- und Allerserie). Auf Zechsteinkalk folgen Anhydrit, dann Steinsalz und schließlich das Kaliflöz. Allerdings gilt diese Abfolge nicht für sämtliche Salzlagerstätten bzw. -serien, da Unterschiede in den einzelnen Becken vorhanden sind. So fehlen etwa zur älteren Zechsteinzeit (=Zechstein 1) im Thüringer Becken die Kalisalze, im Norddeutschen Becken auch das Steinsalz, indem nur Karbonate und Sulfate vorhanden sind. Berücksichtigt man die damalige Paläogeographie (s. u.), so lag der Äquator damals im heutigen Mittelmeerbereich und nördlich davon ein Wüstengürtel, der dem Zechsteinmeer entspricht.

Interessant ist auch, daß Anhydrit und Steinsalz verschiedentlich eine Feinschichtung zeigen (Linienanhydrit und -salz), die nach RICHTER-BERNBURG aus Hannover einer jahreszeitlichen oder Warvenschichtung entspricht, und damit Aussagen über die Ablagerungsdauer von Salz und Gips zuläßt. Auch die Geochemie gibt wertvolle Anhaltspunkte. Nach dem Bromgehalt der Salze, welcher der Tiefe der überstehenden Mutterlauge umgekehrt proportional ist, lassen sich Näherungswerte über die Tiefe des Zechsteinmeeres angeben, wobei auch subaquatische Sedimentgleitung, die zu Gleitfalten führte, Hinweise geben kann. Neuerdings werden Schwefelisotopen (^{32}S, ^{33}S) zur Altersdatierung von Evaporiten herangezogen, welche die biostratigraphische Einstufung durch fossile Pflanzensporen ergänzen.

Nach Auffassung von JOHANNES WALTHER erfolgte die Salzbildung nicht in Meeresbuchten und Nebenmeeren, sondern in abflußlosen Wüstengebieten. Die Zechstein-Salzlagerstätten seien aus periodisch zusammengeströmten Lösungen natürlicher Wüstensalze entstanden, eine Auffassung, die jedoch später teilweise von ihm selbst revidiert wurde. Die Mehrzahl der fossilen Salzlagerstätten ist zweifellos marinen Ursprungs. Sie geben Hinweise auf ein arides Klima und sind damit ausgezeichnete Indikatoren für die Paläoklimatologie.

Der Coconino-Sandstein als einstige Dünenablagerung

Der Grand Canyon des Colorado-Flusses in Arizona zählt zu den größten geologischen Sehenswürdigkeiten der Erde. Er ist im Grand Canyon Nationalpark in mustergültiger Weise erschlossen, liegen doch dort die Schichten großenteils horizontal übereinander und bieten dank der Vegetationsarmut einen großartigen natürlichen Aufschluß. Der Colorado-Fluß durchschneidet samt seinen Nebenflüssen das Colorado-Plateau in tief eingesägten steilwandigen Canyons. Der Grand Canyon selbst ist etwa 350 km lang und erreicht oben nahezu 30 km Breite bei einer Tiefe bis zu 1500 m. Diese einmalige Erosionslandschaft ist durch die allmähliche Heraushebung des Plateaus erst in erdgeschichtlich jüngster Zeit, und zwar in den letzten Millionen Jahren entstanden.

Das Kennzeichen des Grand Canyon ist die treppenförmige Landschaft, die durch die selektive Erosion entsprechend der unterschiedlichen Härte der Gesteine bedingt ist (Abb. 28). Jedem aufmerksamen Besucher sind einige auffällige Leithorizonte, die z. T. auch charakteristische Steilabfälle oder „Kliffs" bilden, wie sie von den US-Geologen genannt werden, in Erinnerung. So etwa die leuchtend roten Sandsteine und Schiefer der karbon-permischen Supai-Formation, die recht widerstandsfähigen Coconino-Sandsteine des älteren Perms und die gleichfalls als Steilstufe in Erscheinung

Abb. 28. Der Grand Canyon in Arizona (USA). Blick vom Bright Angel Point am Nordrand gegen den Südrand. Typische Erosionslandschaft mit Sedimenten des Paläozoikums (vgl. Abb. 29). Die Spitze des „Shiva Temple" im Mittelgrund und das helle Band in der obersten Steilstufe im Hintergrund entsprechen dem Coconino-Sandstein. (Foto STEININGER)

tretenden Kaibab-Kalke der jüngsten Permzeit, die zusammen mit den etwa 200 m mächtigen roten und braunen Sandsteinen und Schiefern der Moenkopi-Formation den Abschluß bilden (Abb. 29). Während die etwa 100 m mächtigen weißlichen Kaibab-Kalke äußerst fossilreich sind und damit ihre Entstehung im Meer dokumentieren, sind die maximal bis 300 m dicken, weiß bis gelblichen *Coconino-Sandsteine* praktisch fossilleer. Der Coconino-Sandstein, der zwischen den roten, pflanzenführenden Hermit-Schiefern im Liegenden und den Kaibab-Kalken liegt, besteht — abgesehen von basalen, horizontal geschichteten Sandsteinen — aus gutsortierten, kreuzgeschichteten Quarzsanden, deren Korngröße in der oberen Hälfte feiner ist als in der unteren. Diese durch die Erosion an Steilwänden herausmodellierte „Kreuzschichtung" ist eine Art Schrägschichtung, wie sie sowohl im Bereich von Deltabildungen als auch in bewegter Luft an der Leeseite von Dünen entsteht. Die einzelnen Schichtpakete zeigen eine parallele Schrägschichtung, die auf engem Raum durch horizontal oder schräg verlaufende Trennlinien von anderen Schichtpaketen mit oft etwas abweichender Schrägschichtung getrennt sind. Die Schichten kreuzen einander nicht, sondern wechseln nur ihre Richtung.

Die gerundete und mattierte Oberfläche der Quarzkörner entspricht jenen aus heutigen Wüstendünen, doch stammen manche von ihnen aus dem Küstenbereich. Der Sandstein selbst ist fossilleer. Er enthält nur Lebensspuren in Form von Wirbeltierfährten (vorwiegend in den unteren Schichten), ferner Marken [z. B. Rutschmarken („slump marks"), Rippeln und Marken von Regentropfen]. Die Fährten stammen von Stegocephalen (Labyrinthodontia) und von Reptilien (Pelycosauria und Protorosauria), wie sie aus dieser Zeit von anderen Lokalitäten durch Skelettfunde nachgewiesen sind.

Der Coconino-Sandstein entspricht hauptsächlich vom Wind transportierten Dünen, die z. T. vermutlich längs der einstigen

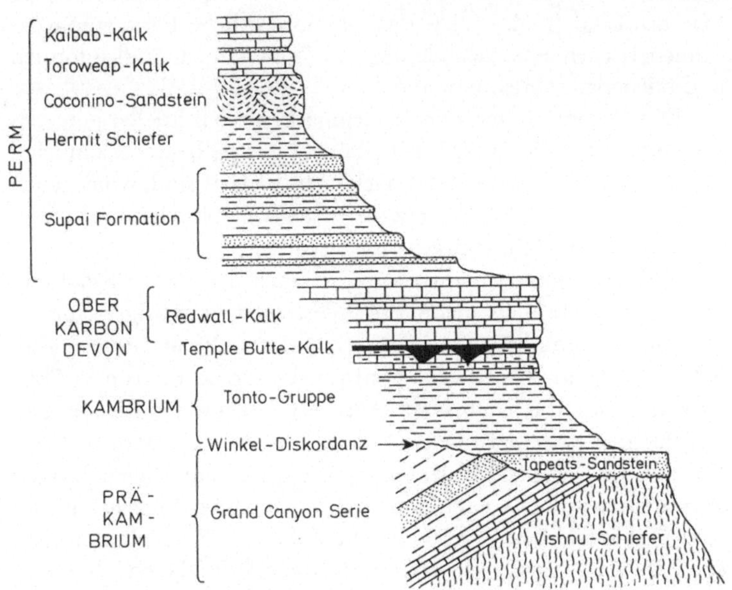

Abb. 29. Profil durch den Grand Canyon mit den Steilstufen („Kliffs") der Permgesteine, des oberkarbonischen Redwall-Kalkes und des kambrischen Tapeats-Sandsteines. (Nach KING, 1959, verändert umgezeichnet)

Meeresküste abgelagert wurden. Die Rippelmarken sind zwar nicht sehr häufig, treten jedoch lokal zahlreich auf. Sie sind alle nach einem einheitlichen Typ gebaut, wie sie als Windrippeln auch heute auf Dünen entstehen. Die „slump marks" sind Strukturen, die sich nach MCKEE bilden, wenn trockener oder feuchter Sand die Leeseite einer Düne lawinenartig herunterrollt. Spuren von Regentropfen sind als kraterähnliche Eindrücke erhalten geblieben. Die Wirbeltierfährten finden sich anscheinend nur an der Leeseite der einstigen Dünen. Sie dürften in dem nach gelegentlichen Regenfällen feuchten Sand erhalten geblieben sein, nachdem dieser ausgetrocknet und neuerlich übersandet worden war. Immerhin können für diese (älteren) Schichten vorübergehend feuchtere Stadien nicht ganz ausgeschlossen werden. Wären es tatsächliche fluviatile Ablagerungen, so wären zweifellos Knochenreste von Wirbeltieren erhalten geblieben. Die Kreuzschichtung fällt vornehmlich nach Süden ein, wodurch ein Hinweis auf die zur Zeit der Bildung vorherrschende Windrichtung gegeben ist. Das damalige Festland war das Mazatzal-Land in Zentralarizona, als nordöstliche Fortsetzung des Schuchertschen Enseñada-Landes, das Westarizona, Südkalifornien und Niederkalifornien umfaßte.

Der Coconino-Sandstein ist demnach speziell für die jüngeren Schichten ein Beispiel für fossile Dünen, wie sie heute in ähnlicher Weise vornehmlich aus ariden Gebieten bekannt sind, womit auch hier wieder wertvolle Hinweise in paläogeographischer und paläoklimatologischer Hinsicht gewonnen wurden.

Teilweise ähnlicher Entstehung ist auch der Navajo-Sandstein, ein maximal ebenfalls mehrere hundert Meter mächtiger, vorwiegend schräg- und kreuzgeschichteter Quarzsandstein, der im nördlichen Colorado-Plateau, also nördlich des Grand Canyon in Utah und Arizona verbreitet ansteht (Abb. 30). Lokal treten flachgelagerte Schichten sowie im oberen Teil auch Kalke mit marinen Fossilien auf, die zeigen, daß der Navajo-Sandstein zur älteren Jurazeit abgelagert wurde. Es zeigt zugleich, daß es nicht leicht ist, aquatische und äolische Sandsteine zu unterscheiden. Zweifellos entsprechen Teile des Navajo-Sandsteines einstigen Winddünen.

Als letztes Beispiel sind Gesteine ausgewählt, deren paläogeographische Bedeutung erst in jüngster Zeit richtig erkannt bzw. bestätigt wurde.

Abb. 30. Der jurassische Navajo-Sandstein im Zion-Nationalpark (Utah, USA) am State Highway No. 15. Beachte Kreuzschichtung. (Foto STEININGER)

Die Ophiolithe der Alpen als Reste des einstigen Ozeanbodens

Die in diesem Abschnitt besprochenen Gesteinskomplexe sind zwangsläufig mit einem sehr wesentlichen paläogeographischen Problem verknüpft, nämlich mit der Frage: Gibt es überhaupt fossile Tiefseeablagerungen? Wir haben bereits im Abschnitt über den Flysch Meeressedimente kennengelernt, die in Meerestiefen über 200 m bis maximal etwa 4000 m, d. h. in der bathyalen Zone, abgelagert wurden. Schon dadurch ist die von verschiedenen Geologen und Paläontologen vertretene Auffassung, daß das alpine Meer stets nur ein Flachmeer war, das mit der 200 m Tiefenlinie begrenzt wird, widerlegt. Wir wollen uns jedoch fragen, ob es Gesteine gibt, die aus noch größerer Meerestiefe stammen und die zumindest als abyssisch bezeichnet werden können?

Die Diskussion um Tiefseeablagerungen bzw. -gesteine beschäftigte bereits vor Jahrzehnten die Erdwissenschaftler, ohne daß eine Lösung gefunden werden konnte. In den letzten Jahren sind sowohl durch ozeanographische Untersuchungen in den heutigen Meeren als auch durch petrogenetische Befunde an vorzeitlichen

Gesteinen neue Erkenntnisse gewonnen worden, welche die Situation in ein neues Licht gerückt und damit die seinerzeitigen Auffassungen des Bonner Geologen G. STEINMANN bestätigt haben.

Die Bezeichnung *Ophiolithe* wird nicht immer im gleichen Sinn gebraucht, indem einerseits Gesteine mit bestimmten petrologischen und chemischen Eigenschaften, andererseits wieder eine bestimmte Abfolge vorwiegend ultrabasischer Gesteine (Peridotite, Gabbros), basische Gangschwärme, Kissen-Laven und Hornsteine darunter verstanden werden. Wir wollen als Ophiolithe jene (ultra)basischen Gesteine (bei basischen Gesteinen liegt der Gesamt-SiO_2-Gehalt unter 52%) bezeichnen, die *submarine* Erguß- bzw. Eruptivgesteine des Ozeanbodens darstellen. Eine Unterscheidung von *kontinentalen* Ergußgesteinen konnte in jüngster Zeit durch M. J. BICKLE und J. A. PEARCE aufgrund der chemischen Zusammensetzung vorgenommen werden. Vielfach ist eine charakteristische Abfolge von Gesteinen für diese Ophiolithkomplexe typisch (s. o.). Auch die Verknüpfung mit bestimmten Sedimentgesteinen wurde bereits frühzeitig — etwa durch den schon erwähnten G. STEINMANN — erkannt, ohne daß seine Schlußfolgerungen damals allgemein akzeptiert wurden. Ging es doch vor allem um die Deutung von Radiolariten (Hornsteine, die Radiolarien, also Einzeller mit Kieselgehäusen enthalten), von Aptychenschichten (Aptychen = deckelartige Bildungen der Ammonitengehäuse) und sog. Calpionellenkalken (nach charakteristischen Mikrofossilien benannt), wie sie aus dem Oberjura und der Unterkreide nachgewiesen sind, als echte Tiefseeablagerungen. STEINMANN hat auf die Verknüpfung dieser Radiolarite, Tiefseetone und Calpionellenkalke mit Ophiolithen hingewiesen und letztere auch als submarine Ergüsse gedeutet, die gleichzeitig mit der Bildung von Tiefseesedimenten entstanden seien. Eine Auffassung, die keineswegs von allen Geologen geteilt wurde. STEINMANN unterschied auch bereits zwischen älteren und jüngeren Ophiolithen in den Alpen und erkannte, daß nur die jüngeren Ophiolithe mit der alpidischen Gebirgsbildung ursächlich verknüpft sind. Auch die Alterseinstufung dieser Ophiolithe in das jüngere Mesozoikum (Oberjura bis Mittelkreide) hat sich seither bestätigt. Nach STEINMANN läßt sich eine Abfolge von Peridotit über Gabbro zu Diabas-Spilit unterscheiden, Gesteine, die jedoch zweifellos von einem ursprünglich einheit-

lichen Magma abzuleiten sind. Auch das Vorkommen der Ophiolithe meist in schmalen (Wurzel-)Zonen der Alpen, die initiale Verknüpfung mit (Eu-)Geosynklinalen und ihre tektonisch bedingte
Verfrachtung hat sich durch neuere Untersuchungen im Prinzip bestätigt. Ophiolithe sind aus verschiedenen Kettengebirgen bekannt
geworden. In den Alpen treten sie vom Mittelmeer über das Wallis,
Graubünden, Engadin und die Hohen Tauern bis zu den östlich-
sten Ausläufern jenseits des Wechsels im Rechnitzer Schiefergebirge verbreitet auf. Die jüngeren Ophiolithe sind auf die penninische
oder Intern-Zone beschränkt und begleiten dort das alpine Mesozoikum. Im Westen sind es die „schistes lustrés" des Wallis und
Piemont, in den Rätischen Alpen die Bündner Schiefer und in den
Ostalpen die Kalkphyllite der Hohen Tauern (Bündner Schiefer-
Ophiolithserie) sowie die Kalk- und Serizitphyllite, Marmore und
Dolomite der Rechnitzer Schieferinsel im Burgenland. In den Hohen Tauern sind derartige Ozeanboden-Basalte oder deren metamorphe Produkte nach V. HÖCK im wesentlichen auf die Glock-
ner-Fazies beschränkt; einzelne werden als Basalte von Inselbögen
gedeutet. Manchmal sind es nur vereinzelte Lagen grüner Schiefer,
die als leuchtend grüne Bänder die Bündner Schiefer durchziehen,
bald bilden sie ganze Bergmassive (z. B. Monte Viso, Zermatter
Breithorn und die Strahlhörner, Piz Platta und Großglockner).
Wie schon aus diesen Beispielen hervorgeht, sind die Ophiolithe
und die begleitenden Tiefwassersedimente durch Metamorphose in
Grünschiefer und Amphibolite bzw. in Kalkglimmerschiefer und
Kalkphyllite („schistes lustrés") umgewandelt. Diese Metamorphose erfolgte, wie die Zusammensetzung der Gesteine erkennen läßt,
meist unter hohem Druck bei relativ niedriger Temperatur und
steht mit der alpidischen Gebirgsbildung in Zusammenhang.

Die alpinen Ophiolithe werden im Sinne des „sea-floor spreading" und der Plattentektonik (s. Kap. V) als Reste ozeanischer
Kruste angesehen, wie sie sich im Bereich der zentralen Gräben der
mittelozeanischen Rücken bildet. Dies wird auch durch den Nachweis von Kissen-Lava („pillow lava") bestätigt. Dieser Ozeanboden
wird beim Abtauchen ozeanischer Kruste im Bereich von Tiefseegräben aufgeschürft bzw. aufgearbeitet und findet sich gegenwärtig
nicht nur in den eigentlichen Ophiolithzonen, sondern als Detritus
bzw. in Form von Schwermineralien, also als Aufarbeitungspro-

dukt, in Sedimentgesteinen, wie es bereits für den Flysch und für bestimmte Gosau-Schichten registriert wurde (s. o.).

Mit den Ophiolithen haben wir somit nicht nur submarine magmatische Gesteine aus dem Tiefseebereich kennengelernt, sondern zugleich auch Gesteine, die für die Gebirgsbildung von besonderer Bedeutung sind. Auf Gebirgsbildungen wird noch im Kap. X zurückgekommen.

Im Bereich derartiger Geosynklinalen mit Ophiolithen ist es im Zusammenhang mit der Gebirgsbildung zu einer starken Einengung des Ozeans auf die Hälfte oder noch weniger gekommen, was entsprechend der ursprünglichen Breite der Geosynklinale mehrere hundert Kilometer ausmachen kann, eine Tatsache, die für paläogeographische Rekonstruktion von besonderer Wichtigkeit ist.

V. Konstanz der Ozeane oder Kontinental-„Drift"?

Diese Frage ist so alt wie die kausale Biogeographie. Wie bereits im Kap. III ausgeführt, läßt sich das gegenwärtige Verbreitungsbild verschiedener Tier- und auch Pflanzengruppen weder durch die gegenwärtige Verteilung von Ozeanen und Kontinenten, noch durch die während der Eiszeit vorhandenen Landbrücken (Beringbrücke, Torresbrücke usw.) hinreichend erklären. Es lag daher nahe, weitere Landbrücken oder ganze versunkene Kontinente (z. B. Lemuria, Atlantis) anzunehmen, wie es auch noch in manchen jüngsten Publikationen der Fall ist. So nimmt etwa der bekannte Botaniker VAN STEENIS noch 1970 die Existenz von mindestens fünf transpazifischen Landbrücken oder Korridoren an, um die floristischen Affinitäten der zirkumpazifischen Landvegetation zu erklären.

Neue Argumente für die Kontinentalverschiebung: Paläomagnetismus

Diesen Landbrückentheorien steht die Kontinentalverschiebungstheorie gegenüber. Als Begründer gilt der deutsche Geophysiker ALFRED WEGENER, der sie im Jahre 1912 erstmals vertrat und durch ein umfangreiches Belegmaterial aus dem Bereich der Erd- und Biowissenschaften zu stützen versuchte. WEGENER hatte zwar bereits mehrere Vorgänger mit seiner Vorstellung von „driftenden" Kontinenten, wie etwa den französischen Mönch FRANÇOIS PLACET, für den 1666 die Sintflut die Ursache für die Trennung Europas von Nordamerika und Afrikas von Südamerika war, oder den deutschen Theologen THEODOR LILIENTHAL, der 1756 in seiner Genesis gleichfalls ein Auseinanderbrechen der Kontinente nach der Sintflut annahm. Für ANTONIO SNIDER-PELLEGRINI im Jahre 1858 war nicht nur der übereinstimmende Küstenlinienverlauf zwischen Afrika und Südamerika, sondern auch die Ähnlichkeit der Steinkohlenfloren Europas und Nordamerikas ausschlaggebend für die Vorstellung einstiger Kontinentalverbindungen. Der Amerikaner FRANK TAYLOR hingegen versuchte 1910, angeregt durch das Werk von EDUARD SUESS, „Das Antlitz der Erde", mit der Drift der Kontinente eines der größten erdgeschichtlichen Rätsel, nämlich das der Gebirgsbildungen, zu lösen. Aber weder TAYLOR, der die gezeitenerzeugende Kraft des Mondes, welche die Landmassen in Richtung Äquator ziehen sollte, als Ursache annahm, noch WEGENER, der gleichfalls Polfluchtkräfte (einerseits die durch die Erddrehung ausgelöste Zentrifugalkraft, andererseits die Anziehungskraft des Mondes) als solche für die Kontinentaldrift verantwortlich postulierte, konnten sich mit ihren Vorstellungen durchsetzen. Sie wurden fast ausnahmslos von den Geophysikern und Geologen abgelehnt. Einer der wenigen Erdwissenschaftler, der WEGENERs Kontinentalverschiebungstheorie anerkannte und auch durch neue Befunde zu stützen versuchte, war der südafrikanische Geologe ALEXANDER DU TOIT.

Erst vor etwas mehr als eineinhalb Jahrzehnten hat sich ein totaler Umschwung angebahnt, der von den Geophysikern ausging. Anlaß dazu war die von PATRICK M. S. BLACKETT von der Universität London mit Hilfe des Paläomagnetismus bestimmte geographische Breite von Triasgesteinen in England bzw. des Dekkan-Trappes in Vorderindien. England lag demnach damals in der Tropenzone, Indien zur Jurazeit auf dem 40. Grad südlicher Breite. Waren es lediglich Polwanderungen oder tatsächlich Kontinentalverschiebungen? Wie jedoch weitere paläomagnetische Befunde durch KEITH RUNCORN von der Universität Newcastle von anderen Erdteilen belegten, waren es Kontinentalverschiebungen, indem deren Lage zueinander in der Vorzeit keineswegs konstant war. Die für die einzelnen Kontinente für die Vorzeit berechneten „Polwanderwege" stimmten nämlich nicht überein (Abb. 31). Alle diese Befunde gelten nur unter der Voraussetzung, daß das geomagne-

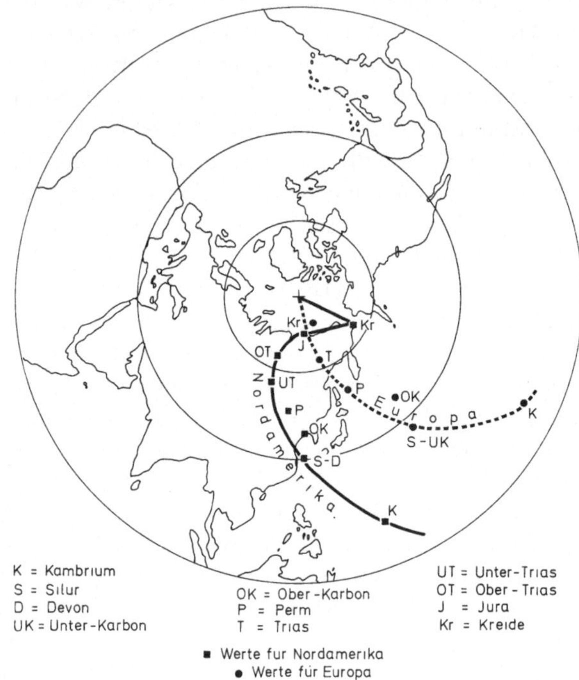

Abb. 31. Polwanderwege für Europa und Nordamerika während des Phanerozoikums. (Nach SCHÖNENBERG, 1975, verändert umgezeichnet)

tische Feld immer ein geozentrisches, mehr oder weniger parallel zur Rotationsachse der Erde angeordnetes Dipolfeld war. Die für Nordamerika und Europa errechneten Wege verliefen zunächst getrennt, um sich gegen Ende des Känozoikums zu vereinen. Sie konnten jedoch voll zur Deckung gebracht werden, wenn man Nordamerika an Europa heranschob, so daß beide einen einheitlichen Kontinent bildeten, der Nordatlantik einst also nicht existierte. Auch die Zeiten stimmten mit der Wegenerschen Hypothese überein. Die an dieser „Beweis"führung verschiedentlich geübte Kritik läßt diese paläomagnetischen Befunde jedoch nur mit Vorbehalt als Indizien für eine Kontinentalverschiebung gelten.

Dennoch besteht heute kein Zweifel mehr an einer Kontinentalverschiebung. Anlaß dazu sind die bereits erwähnten ozeanogra-

Abb. 32. Das US-Tiefseebohrschiff „Glomar Challenger", das seit 1968 in sämtlichen Meeren Tiefseebohrungen durchführt. Länge 120 m, Bohrturmhöhe über 50 m. (Nach Seibold, 1974)

phischen Untersuchungen, wie sie besonders seit 1968 im Rahmen des Joides-Tiefseebohrungsprogrammes (= Joint Oceanographic Institutions for Deep Earth Sampling) mit dem US-Forschungsschiff „Glomar Challenger" planmäßig durchgeführt werden (Abb. 32). Dazu kommen seismologische, gravimetrische und weitere paläomagnetische Untersuchungen, die unabhängig voneinander zu den gleichen Ergebnissen führten. Zu den wesentlichsten Erkenntnissen dieser Untersuchungen gehört der Nachweis sog. mittelozeanischer Rücken in sämtlichen Weltmeeren (Abb. 33), nachdem bereits in den zwanziger Jahren durch das deutsche Forschungsschiff „Meteor" der mittelatlantische Rücken festgestellt worden war. Diese submarinen Rücken, die von einem zentralen Graben,

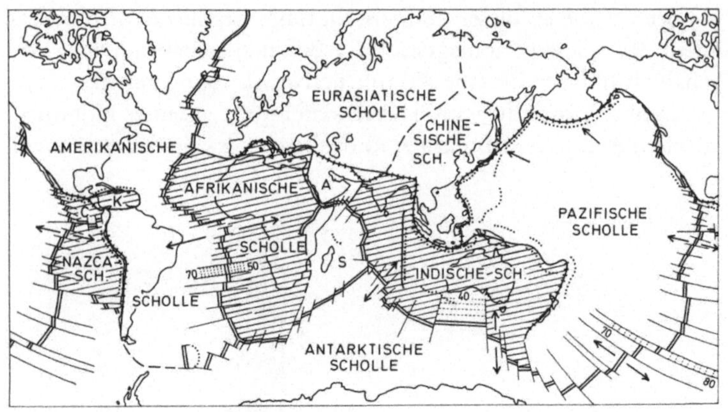

Abb. 33. „Sea-floor spreading" (Meeresbodenverbreiterung) und „Plate tectonics" (Plattentektonik). Die mittelozeanischen Rücken (==) als Dehnungszonen, Tiefseegräben (....) und Gebirgsketten (+++) als Verschluckungs- bzw. Einengungszonen und die Gliederung der Lithosphäre in Großschollen (Schema). *A:* Arabische Scholle; *C:* Cocos-Scholle; *K:* Karibische Scholle; *S:* Somalische Scholle. — Blattverschiebungen, Brüche; → Bewegungsrichtung der Schollen, *Zahlen:* Jahrmillionen. (Nach HEIRTZLER, 1968; LE PICHON, 1968; und MORGAN, 1971, kombiniert und verändert umgezeichnet)

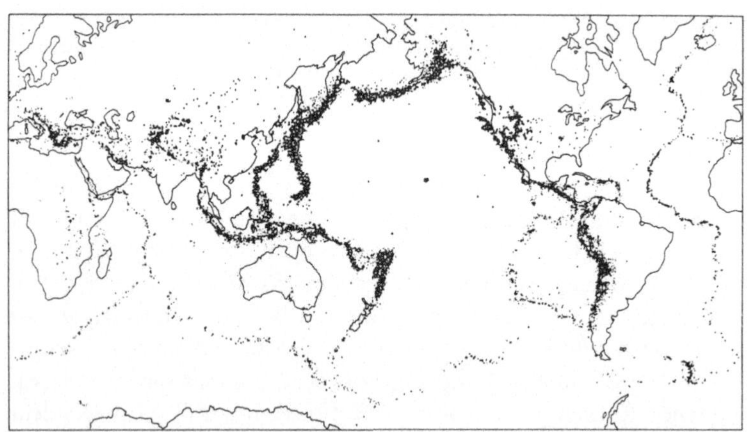

Abb. 34. Weltkarte der Bebenherde (Epizentren). Beachte Häufung im Bereich der alpidischen Gebirge und der mittelozeanischen Rücken. Alte präkambrische Festlandsschilde bebenfrei. (Nach OLIVER, 1972, verändert umgezeichnet)

dem „rift valley" getrennt werden, bilden ein weltumspannendes System von über 60 000 km Länge, das durch die abweichenden Laufzeitgeschwindigkeiten seismischer Wellen und durch aktive Bebentätigkeit gekennzeichnet ist (Abb. 34). Die seismische Aktivität, der hohe Wärmefluß und die gegenüber dem übrigen Ozeanboden geringere Schwere weisen darauf hin, daß unter den mittelozeanischen Rücken, die richtige untermeerische Gebirge darstellen, Material aus dem Erdmantel aufsteigt, die zentralen Gräben der Rücken daher riesige Dehnungsfugen der Erde bilden.

„Sea-floor spreading"-Konzept

Diese Feststellungen werden durch die im Bereich der mittelozeanischen Rücken zweiseitig symmetrisch nachgewiesenen magnetischen Anomalien und durch das zu den Rücken immer jünger werdende Alter der Ozeansedimente gestützt. Sie haben zu dem erstmals von H. HESS von der Princeton-Universität im Jahre 1960 formulierten, von R. DIETZ 1961 veröffentlichten „sea-floor spreading"-Konzept geführt. „Sea-floor spreading" bedeutet Meeresbodenverbreiterung durch Aufsteigen von Mantelmaterial im Bereich der zentralen Gräben des „mittel"ozeanischen Rückens und zugleich ein Auseinanderschieben der spezifisch leichteren Kontinentalschollen durch den schwereren basaltischen Ozeanboden. Nach H. HESS sind die Ozeanbecken vergängliche Erscheinungen, die Kontinente dagegen permanente Krustenbildungen, mögen sie auch im Lauf der Erdgeschichte auseinandergerissen oder zusammengeschweißt worden sein. Die Kontinente sind daher meist wesentlich älter als die Ozeane.

Das Auftreten von submariner Kissen-Lava (Abb. 35) im Bereich der zentralen Gräben konnte durch das amerikanisch-französische Tiefseetauchprojekt „Famous" („French-American Mid Ocean Undersea Study") für den Atlantik südwestlich der Azoren festgestellt werden. Außerdem konnten heiße Quellen nachgewiesen werden. Die wohl wichtigste Entdeckung sind jedoch schmale Klüfte in der Art von Gletscherspalten, die parallel zur Rückenachse verlaufen. Sie sind bis zu 100 m lang und bis 100 m, manche bis 500 m tief. Sie nehmen an Häufigkeit und Größe zu, je weiter sie vom Zentraltal entfernt sind. Es sind richtige Zerrungsspalten. Ihre Ent-

Abb. 35. Kissen-Lava („pillow lava") vom Meeresboden im Bereich des ostpazifischen Rückens aus etwa 4000 m Wassertiefe. Bildunterrand entspricht rund 2 m. (Nach SEIBOLD, 1974)

stehung wird diskutiert, indem sie einerseits als Zerrungsspalten als Beweis gegen das „sea-floor spreading" angeführt werden, andrerseits durch die Aufwölbung im Bereich der mittelozeanischen Rükken erklärt werden.

Der basaltische Ozeanboden, das „basement", ist durch die Tiefseebohrungen und durch seismische Untersuchungen in allen Ozeanen nachgewiesen. Als wesentliches Problem erwies sich jedoch die Feststellung, daß die Ozeane mit zunehmender Entfernung von den „mittel"ozeanischen Rücken immer tiefer werden. Da dies auch dem zunehmenden Alter der Ozeane entspricht, kann man die Tiefe des Ozeanbodens als einen Hinweis auf dessen Alter auffassen. Dies hängt damit zusammen, daß das aus dem Mantel aufdringende Material mit zunehmender Abkühlung schrumpft. Damit ist zugleich eine sinnvolle Erklärung jener submarinen Vulkankegel gegeben, die bereits im Kap. IV als Guyots erwähnt wurden. Diese Vulkankegel erscheinen durch ihre ebene Oberfläche wie mit dem Messer gekappt, obwohl diese gegenwärtig oft mehrere hundert Meter *unter* der Meeresoberfläche liegt (Abb. 36). Gesteinsproben mit Riffkorallen und Kalkalgen von Guyots aus dem

Pazifik zeigen, daß diese ebenen Flächen einst im Niveau des Meeresspiegels lagen und durch die Brandung entstanden sind. Erst die nachträgliche Absenkung des Meeresbodens führte zur Entstehung der Guyots. Eine weitere Bestätigung der nachträglichen Absenkung des Ozeanbodens lieferten die Sedimente. Im Meer kommt es ab einer bestimmten Tiefe (etwa 4500 m) zur Auflösung der Kalkschalen. Daher finden sich gegenwärtig in Tiefen über 5000 m nur Tiefseeton, Diatomeenschlamm, Radiolarienschlick und sonstige kalkfreie Sedimente. In den vorzeitlichen Meeressedimenten finden

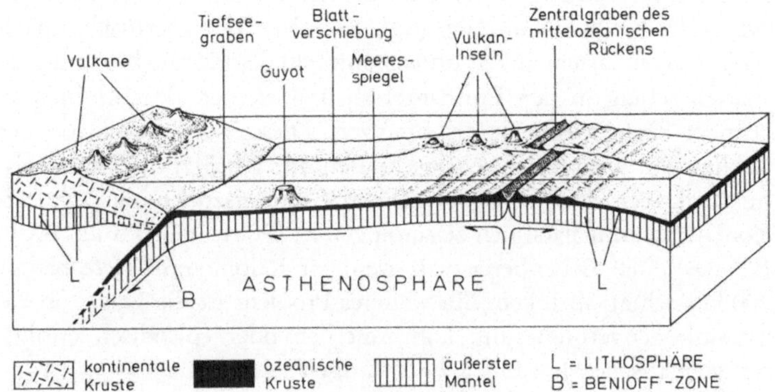

Abb. 36. Ozeanboden mit einem mittelozeanischen Rücken, einem Guyot, Vulkan-Inseln sowie einer „transform fault" (Blattverschiebung). Absinken der ozeanischen Platte unter eine kontinentale Platte an einer Benioff-Zone unter Bildung eines Tiefseegrabens (Schema). Beachte auch mit Entfernung vom Rücken zunehmende Ozeantiefe. Näheres im Text

sich jedoch auch in Tiefen *unterhalb* 5000 m Reste von Kalkschalen (z. B. Foraminiferen, Kalkflagellaten). Dies ist nur dadurch zu erklären, daß die Sedimente ursprünglich in einer Meerestiefe abgelagert wurden, die über der sog. Karbonatkompensationstiefe lag, wie dies für die mittelozeanischen Schwellenbereiche zutraf. Durch die erst nachträgliche Absenkung der Sedimente haben sich die Gehäuse von Kalkschalern auch in größerer Tiefe erhalten können, da kaum anzunehmen ist, daß in der Vorzeit die Karbonatkompensation wesentlich tiefer erfolgte.

Mit dem „sea-floor spreading"-Konzept sind jedoch auch verschiedene Probleme verknüpft. Eine ständige Verbreiterung des

Meeresbodens würde eine Expansion der Erde bedeuten, sofern Ozeanboden nicht auch wieder verschwindet. Eine Expansion ist jedoch nicht oder bestenfalls nur in einem recht geringen, für das „ocean-floor spreading" jedenfalls nicht ausreichenden Ausmaß nachgewiesen. Wie ozeanographische und seismische Untersuchungen gezeigt haben, verschwindet der Ozeanboden tatsächlich an bestimmten Stellen. Dies ist im Bereich von Tiefseegräben der Fall, die gegenwärtig am Rand von Kontinenten (z. B. Peru-Chile- und Costa-Rica-Graben) von Inselbögen (z. B. Philippinen- und Marianengraben, Aleutengraben) oder in den Ozeanen selbst (Tonga--Kermadec-Graben) auftreten (vgl. Abb. 33). Die spezifisch schwereren Ozeanplatten sinken unter kontinentale oder auch ozeanische Platten schräg in den Erdmantel ab und werden dort in entsprechender Tiefe wieder aufgeschmolzen. Diese Vorstellung von der Subduktion wird durch seismische Befunde gestützt, indem in seismisch aktiven Zonen (sog. Gutenberg-Störungszonen oder Benioff-Zonen, benannt nach den Seismologen B. GUTENBERG und HUGO BENIOFF) die Bebenherde von wenigen Kilometern Tiefe bis zu 700 km schräg absinken. Ein weiteres Problem ist die Frage, ob die Meeresbodenverbreiterung kontinuierlich oder episodisch erfolgt, wie geodätische Messungen zu bestätigen scheinen.

„Plate tectonics"-Konzept

Das „sea-floor spreading"-Konzept von der Kontinentaldrift hat zusammen mit den eben erwähnten seismischen Befunden und den paläomagnetischen Daten sowie den sog. „transform faults" (s. u.) in den Jahren 1967/68 zum „plate tectonics"-Konzept durch DAN MCKENZIE und R. L. PARKER von Cambridge sowie W. JASON MORGAN von der Princeton-Universität geführt, nachdem bereits J. TUZO WILSON, Toronto, im Jahre 1965 als erster den Begriff „plates" im heutigen Sinne gebrauchte.

Nach diesem Konzept besteht die Lithosphäre aus mehreren Platten, die sowohl Kontinente als auch Ozeanböden umfassen können und die durch gegenseitige Verschiebung zu Gebirgsbildungen, zu Vulkanismus und zur Entstehung von vulkanischen Inselbögen führen. Zu Gebirgsbildungen kommt es, wenn eine ozeanische Platte unter eine Kontinentalplatte abtaucht (= Kordilleren-Typ) oder wenn zwei kontinentale Platten unter Subduktion der Ozeanplatte zusammenstoßen (=Himalaya-Typ) (vgl. Kap. X). Kontinentale Platten sinken dank ihres spezifischen Gewichtes nicht ab. Da es in der Vorzeit wiederholt zu Kontinentalverschiebungen gekommen ist, läßt sich mit der Plattentektonik nicht nur die jüngste, die alpidische Gebirgsbildung, erklären, sondern auch ältere, wie etwa die variszische oder herzynische des Jung-Paläozoikums und die kaledonische im Alt-Paläozoikum. Der Beginn der Plattentektonik wird aufgrund der notwendigen Erdkrustenkonsolidierung mit ungefähr 3 Milliarden Jahren angenommen. Aber auch ein weiteres Problem, nämlich das Auftreten von Erdbeben, war damit im Prinzip gelöst. Es sind vor allem die Plattenränder und die „transform faults" (s. u.), an denen Erdbeben bevorzugt auftreten.

Über die eigentlichen Ursachen des „sea-floor spreading" sind die Meinungen geteilt, doch dürften Konvektionsströmungen im Erdmantel entscheidend sein. Allerdings kommt man um die Annahme nicht herum, daß sich manche der Zonen, an denen das Mantelmaterial aufdringt, im Laufe der Zeit etwas verschoben haben. Neuerdings wird die treibende Kraft in den absinkenden Ozeanplatten gesehen, die dank ihrer größeren Dichte schwerer sind als das Material des Erdmantels. Sie würden zwar nicht die Entstehung aller Ozeane erklären, jedoch die Zerrungsspalten im Bereich der mittelozeanischen Rücken verständlich machen.

Umpolungen des geomagnetischen Feldes

Als Beweis für das „sea-floor spreading" gelten vor allem die bereits erwähnten magnetischen Anomalien, deren zweiseitig symmetrische Anordnung zur Achse der Rücken erstmals durch J. HEIRTZLER von Lamont nachgewiesen werden konnte. Er bestätigte damit die erst knapp vorher im Jahre 1963 von den beiden Geophysikern FRED VINE und DRUMMOND MATTHEWS von Cambridge aufgestellte Hypothese. Nach dieser Hypothese entsprechen sie wiederholten Umpolungen des erdmagnetischen Feldes, indem Sedimente bzw. Gesteine mit normalem und reversem Magnetismus abwechseln. Der wechselnde Magnetismus läßt sich durch Protonenmagnetometer, wie sie während des zweiten Weltkrieges VI-

COT VACQUIER von der „Scripps Institution of Oceanography" entwickelt hatte, von Schiffen oder von Flugzeugen aus registrieren. Man erhält streifenförmige Muster von etwas wechselnder Breite, welche den normalen bzw. reversen Magnetismus widerspiegeln. Sie lassen sich heute mit Hilfe von absoluten Datierungsmethoden altersmäßig einstufen (Abb. 37). Damit konnten exakte Daten über die Ausdehnungsraten der Ozeane gewonnen werden. Sie betragen

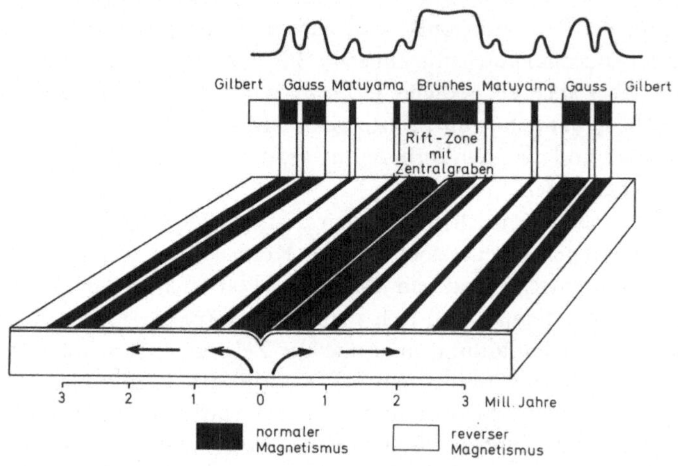

Abb. 37. Die durch wiederholte Umpolungen des geomagnetischen Feldes entstandenen magnetischen Streifenmuster am Meeresboden (Schema). Beachte zweiseitig symmetrische Anordnung der Muster beiderseits vom mittelozeanischen Rücken. (Nach ALLAN, 1969, verändert umgezeichnet)

2 – 18 cm pro Jahr und Rücken. Die größten Werte wurden für den Pazifik, die geringsten für den Atlantik festgestellt. Die Ausdehnungsrate ist jedoch nicht konstant, wie die Magnetostratigraphie belegt. Die ursprünglich nur für die jüngsten 5 Millionen Jahre erarbeitete geomagnetische Zeitskala (mit vier Epochen) konnte in wenigen Jahren auf über 70 Millionen Jahre mit mehr als 170 Feldumkehrungen ausgebaut werden und umfaßt gegenwärtig bereits das ganze Mesozoikum, doch gibt es sowohl bei der Parallelisierung als auch bei der absoluten Altersdatierung große Schwierigkeiten. Die vier jüngsten magnetischen Epochen sind nach Wissenschaftlern benannt, die zur Kenntnis des Erdmagnetismus beigetragen

haben: B. BRUNHES, der 1906 erstmals umgekehrt magnetisiertes Gestein entdeckte, M. MATUYAMA, der 1929 feststellte, daß alle Gesteine mit reversem Magnetismus, die er in Japan gefunden hatte, aus dem frühen Pleistozän stammen, K. F. GAUSS, nach dem die Maßeinheit für die magnetische Feldstärke benannt ist und W. GILBERT, der als erster entdeckt hatte, daß sich die Erde wie ein Magnet verhält.

Die Daten der Magnetostratigraphie werden durch paläontologisch fundierte Werte über das Alter der Meeresbodensedimente, wie sie durch Tiefseebohrungen gewonnen wurden, gestützt. Für die Altersdatierung der Bohrkerne werden Mikrofossilien, und zwar Planktonforaminiferen, Radiolarien und das sog. Nannoplankton (d. s. Kalk- und Kieselflagellaten) herangezogen (Abb. 38). Sie sind als Plankton- oder Schweborganismen weltweit verbreitet und sind außerdem durch die rasche Artenablösung ausgezeichnete Leitfossilien. Man unterscheidet eine Planktonforaminiferen-, eine Radiolarien- und eine Nannoplanktonskala. Sie ermöglichen eine exakte und fundierte Altersdatierung, da diese durch drei voneinander unabhängige Methoden gewonnen wird.

Mit diesen Befunden ist auch der Kritik von V. V. BELUSSOW, einem der führenden sowjetischen Erdwissenschaftler, der Boden entzogen worden. BELUSSOW deutet das Muster der magnetischen Streifen durch Aufwölbung schlüsselförmig gelagerter Gesteine ohne Verbreiterung des Meeresbodens. Er ist ein eifriger Verfechter der Ansicht, daß Kontinente absinken und Meere an ihre Stelle treten.

Sämtliche paläomagnetischen und paläontologischen Untersuchungen führten zu dem überraschenden Ergebnis, daß kein Ozeanboden älter ist als Jura und daß sich die *heutigen* Ozeane (Atlantik, Indik, Pazifik, arktischer und antarktischer Ozean) erst während der Jura- bzw. Kreidezeit zu bilden begannen. Dies bedeutet jedoch, daß die präjurassische Geschichte der Ozeane und Kontinente nicht durch ozeanographische Methoden rekonstruierbar ist, sondern nur mit Hilfe der einst üblichen geologisch-paläontologischen Befunde an Gesteinen der Kontinente, wie sie etwa im Kap. IV ausführlich geschildert wurden. Diese zeigen, daß Lage und Gestalt der Kontinente auch im Präkambrium und Paläozoikum ähnlichen Veränderungen unterworfen und daß einst nicht

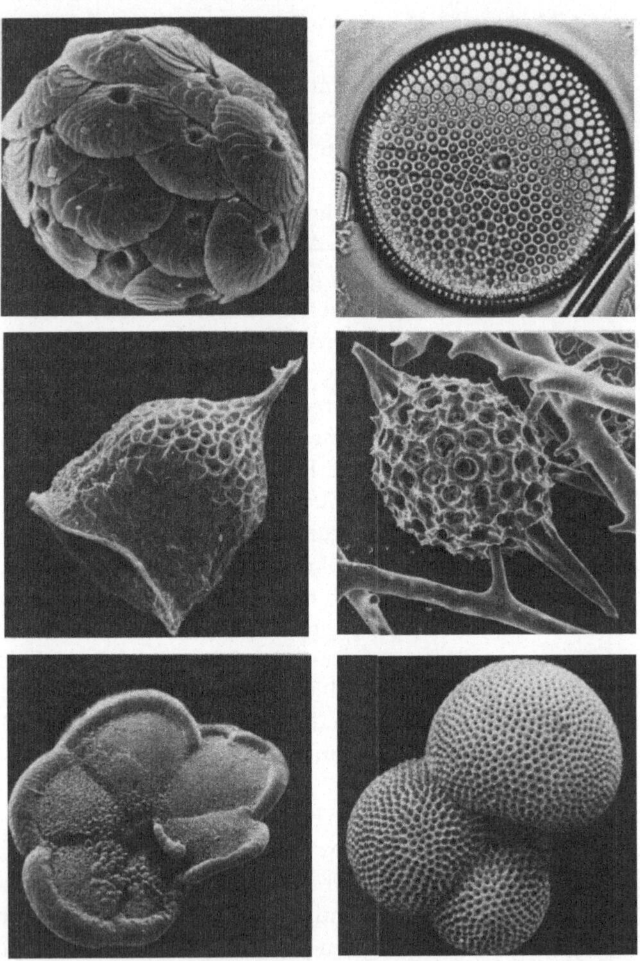

Abb. 38. Rezente schalentragende Plankton- oder Schweborganismen. *Links oben:* Coccolithophoride (Kalkflagellat) mit Gehäuse aus Kalkplättchen (Vergrößerung 3000×). *Rechts oben:* Diatomee (Kieselalge) (850×). *Mitte links:* Tintinnide (Einzeller) mit Gehäuse aus organischer Substanz (700×). *Mitte rechts:* Radiolarie (Einzeller) mit Kieselskelett (300×). *Unten:* Planktonforaminiferen (Einzeller) *Globorotalia* (40×, *links*), *Globigerinoides* (75×, *rechts*). (Aus SEIBOLD, 1974)

nur ein Proto-Pazifik und ein Proto-Atlantik vorhanden waren, sondern noch weitere „Ur"-Ozeane, von denen im Kap. VII noch die Rede sein wird.

Anordnung und Verlauf der magnetischen Anomalien des Ozeanbodens werden jedoch nicht durch den nicht geradlinigen Verlauf der „mittel"ozeanischen Rücken und durch „Blattverschiebungen", also horizontale Verschiebungen, die quer zu den Rücken

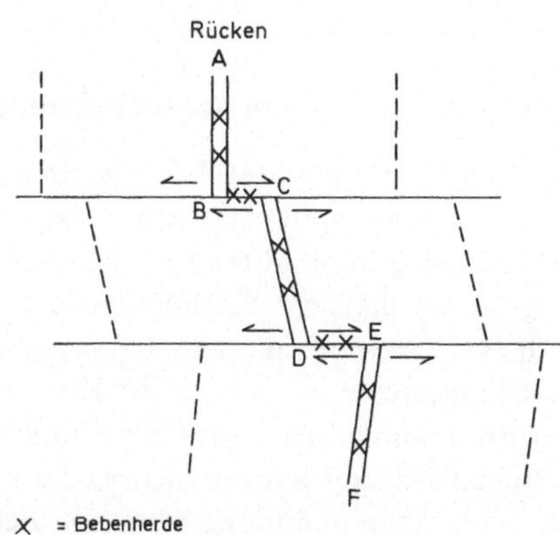

Abb. 39. Anordnung und Bewegungsrichtung der „transform faults", welche die mittelozeanischen Rücken (*A – F*) versetzen (Schema). Beachte gleichsinnige Bewegungsrichtung außerhalb *C* und *E*. (Nach SCHÖNENBERG, 1975, verändert umgezeichnet)

verlaufen und von J. TUZO WILSON als „transform faults" bezeichnet werden, kompliziert (Abb. 39). Nach J. TUZO WILSON sind diese von ihm als „transform faults" bezeichneten Störungen genetisch etwas völlig anderes als die eigentlichen Blattverschiebungen. WILSON geht von der Vorstellung aus, daß die ursprüngliche Driftzone von vornherein aus mehreren Teilstücken besteht, die an Querzonen gegeneinander versetzt sind (z. B. Oberrhein- und Bresse- bzw. Rhônegraben in Europa als beginnendes Rift-System). Dadurch kommt es — zumindest außerhalb des Rückenbereiches — zu gleichsinnigen Bewegungen.

Die Verschiebung der Ozeanplatten wird auch durch vulkanische Inselketten bestätigt, wie sie etwa im Pazifik durch die Hawaii-Inseln bekannt sind. Diese Inselkette, die von Nordwest nach

Südost verläuft, besteht aus mehreren Inseln, deren Alter nach Südosten abnimmt (Niihau und Kauai als älteste vor mehr als 5 Millionen, Hawaii als jüngste vor einer Million Jahre entstanden). Die älteren Inseln sind niedriger, was auf die bereits oben erwähnte Absenkung des Ozeanbodens durch Abkühlung zurückzuführen ist. Die Entstehung derartiger Vulkan-Inselketten wird durch sog. „hot spots" — also heiße Flecken — im Mantel und die wandernden Ozeanplatten erklärt.

Paßform der Kontinentalsockelränder

Die einstige, direkte Verbindung heute getrennter Kontinente wird durch weitere ozeanographische Befunde bestätigt. Waren für A. SNIDER-PELLEGRINI und A. WEGENER die weitgehende Übereinstimmung der Atlantikküsten Südamerikas und Afrikas mitbestimmend, so haben ozeanographische Untersuchungen gezeigt, daß der „fit" der Kontinente im Bereich der Kontinentalsockelränder noch größer ist als an der heutigen Küstenlinie. Diese Paßform gilt nicht nur für Afrika und Südamerika, wo es lediglich an drei Stellen (Niger- und Kongomündung bzw. im Bereich des Walfischrückens vor Südwestafrika) zu geringfügigen und zweifellos nachträglich entstandenen Überschneidungen kommt, sondern auch für Nordamerika und Westafrika samt Europa, wie BULLARD, EVERETT und SMITH nachgewiesen haben. Hier haben Computeranalysen die beste Paßform der Kontinentalsockelränder an der 500-Faden-(915 m)Tiefenlininie ermittelt (Abb. 40).

Analoge Paßformen sind auch von der Ostantarktis und Südaustralien durch SPROLL und DIETZ nachgewiesen worden. Sie werden neuerdings durch HUGHES auch für Ostasien und das pazifische Nordamerika angenommen.

Zu diesen Feststellungen kommen noch eine Unzahl geologisch-petrologischer Befunde sowie paläobiogeographische Daten. Von letzteren wird im folgenden Abschnitt noch näher die Rede sein. Die geologisch-petrologischen Befunde beziehen sich nicht nur auf die gesteinsmäßige Übereinstimmung heute durch Ozeane getrennter Kontinentalgebiete, sondern auch auf deren tektonische Strukturen und auf die im Bereich des einstigen Südkontinentes nachgewiesenen Spuren ausgedehnter Inlandvereisungen. Gemein-

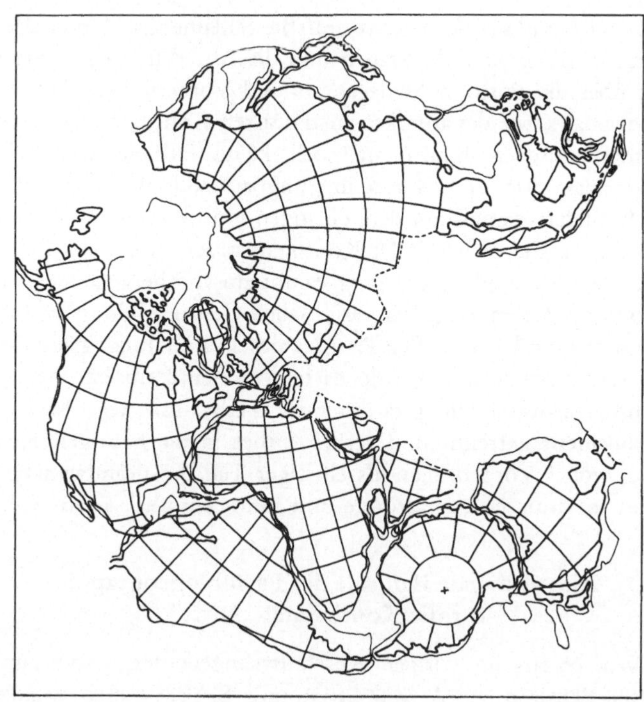

Abb. 40. Die Pangaea im jüngsten Erdaltertum und ältesten Erdmittelalter. Laurasia als Nordkontinent und der Gondwanakontinent als Südkontinent. Beachte Paßform der Kontinentalsockelränder zwischen der Neuen und Alten Welt sowie zwischen Australien und der Ostantarktis. Position von Madagaskar sowie des australo-antarktischen Kontinentes zum afro-amerikanischen nicht ganz gesichert (vgl. Abb. 61 u. 74). (Nach BULLARD et al., 1965, ergänzt und verändert umgezeichnet)

samkeiten im geologischen Bau und der fossilen Flora waren bereits 1885 für den Wiener Geologen EDUARD SUESS ausschlaggebend, den Begriff Gondwanakontinent für einen einstigen Südkontinent zu prägen, der Südamerika, Afrika, Madagaskar und Vorderindien umfaßt haben soll. Gondwana ist das Land der Gonds, einer nach den Ureinwohnern benannten Landschaft in Vorderindien. E. SUESS nahm allerdings heute längst versunkene Landbrücken zwischen den einzelnen Landmassen an.

Durch die oben erwähnten Befunde kann kein Zweifel mehr darüber bestehen, daß einst ein einheitlicher Südkontinent existierte. Dieser Gondwanakontinent umfaßte Südamerika, Afrika, Madagaskar, Vorderindien, Australien und die Antarktis. Allerdings besteht über die Position Madagaskars und Vorderindiens innerhalb Gondwanas sowie des antarkto-australischen Kontinentes zum afrosüdamerikanischen Kontinent noch keine Einhelligkeit. Dieser Gondwanakontinent existierte im Jungpaläozoikum und zur Triaszeit. Er bildete damals mit dem einstigen Nordkontinent (Laurasia) die Pangaea, die meist als Ur-Kontinent bezeichnet wird. Dies ist jedoch unzutreffend, da die Pangaea nur ein vorübergehendes Stadium bildete, das im Zuge der variszischen Gebirgsbildung im Oberkarbon entstanden war. Die Pangaea bestand im Jungpaläozoikum und zur Triaszeit und wurde nach dem Stand unserer heutigen Kenntnis spätestens im Jura durch die Tethys in einen Nord- und Südkontinent getrennt und zerfiel seither in die heutigen Kontinente, wobei Vorderindien als einstiger Teil des Gondwanakontinentes an Laurasia herandriftete und somit ein Teil Asiens wurde.

Alte und neue Befunde der Paläobiogeographie
für die Kontinental-„Drift"

Wie bereits im vorigen Abschnitt angedeutet, waren für A. SNIDER-PELLEGRINI, A. WEGENER und E. SUESS auch paläontologische Kriterien für ihre Vorstellungen entscheidend. Der wichtigste Befund war zweifellos die Pflanzengeographie des Oberkarbons und des Unterperms. Bereits frühzeitig erkannte man die damaligen pflanzengeographischen Regionen. Während für den damaligen Südkontinent (einschließlich Vorderindien) die *Glossopteris*-Flora (benannt nach der kennzeichnenden Farnsamer-Gattung *Glossopteris*, Abb. 41) charakteristisch ist, sind für Europa und das östliche Nordamerika die euramerische, für Zentralasien die Angara- (alter Name für Sibirien) und für Südostasien sowie Teile des westlichen Nordamerikas die Cathaysia-Flora (benannt nach China) typisch. Die Floren der nördlichen Hemisphäre sind durchwegs Lepidophytenfloren (s. o.), wenngleich Lepidophyten in der Angara-Flora nur selten vorkommen. Den *Glossopteris*-Floren der südlichen Hemisphäre und Indiens fehlen die Lepidophyten (außer *Cyclodendron?*) und die großblättrigen Cordaiten völlig. Dafür sind die Farnsamer viel häufiger.

Abb. 41. Blätter des Farnsamers *Glossopteris browniani* aus dem Unterperm von Australien, der die Glossopteris-Flora des Gondwanakontinentes ihren Namen verdankt (vgl. Abb. 69). (Foto REICHEL)

Eine Deutung der heute disjunkten Areale dieser Floren stößt ohne Annahme einer Kontinentalverschiebung auf unüberwindliche Schwierigkeiten. Wie man heute weiß, ist diese floristische Gliederung im wesentlichen auf klimatisch bedingte Unterschiede zurückzuführen. Die euramerische und wohl auch die Cathaysia-Flora entsprechen weitgehend der tropischen Zone (vgl. Kap. IV), während die Angara-Flora in der nördlichen, die *Glossopteris*-Flora in der südlich gemäßigten Zone liegen. Dies wird bestätigt durch das Vorkommen von Jahresringen an den Baumgewächsen der *Glossopteris*-Flora und durch die damaligen Marinfaunen, indem die Fusulinen-Faunen (Einzeller: Großforaminiferen) auf die wärmeren Meere, die *Eurydesma*-Faunen (benannt nach einer Muschel) hingegen als Kaltwasserfaunen auf den damaligen Gondwanakontinent beschränkt waren. Weitere Argumente für einen einheitlichen Südkontinent liefert die Verbreitung von *Lystrosaurus*, einer Reptilgattung, die — wie der amerikanische Paläontologe E. H. COLBERT zeigen konnte — zur älteren Trias-Zeit mit identischen oder nahe verwandten Arten aus Südafrika, Vorderindien und der Antarktis

91

nachgewiesen ist. Auch die Begleitfauna zeigt große Übereinstimmung. Weitere nahe verwandte Reptilgattungen sind aus Südamerika und Afrika bekannt geworden. Besonders bemerkenswert ist auch das Verbreitungsbild von *Mesosaurus,* einer aquatischen Reptilgattung, die bisher nur aus Südafrika und Südbrasilien nachgewiesen werden konnte.

Alle diese Befunde — zu denen auch noch der Verlauf der jung-paläozoischen Samfrau-Geosynklinale (benannt durch A. DU TOIT nach Südamerika, Südafrika und Australien) kommt, die sich in Form aufgefalteter Gebirge von Argentinien über das Kapland bis nach Ostaustralien verfolgen läßt — dokumentieren die einst landfeste Einheit des Gondwanakontinentes. Für den Paläogeographen und Biogeographen ist jedoch der Zeitpunkt der Trennung der einzelnen Kontinentalschollen wesentlich. Paläobiogeographisch fundierte Angaben lassen sich für die Aufspaltung von Südamerika und Afrika und damit zugleich für die Entstehung des Südatlantiks machen.

Aus der jüngsten Jura- und der ältesten Kreidezeit konnte K. KRÖMMELBEIN im Jahre 1965 erstmals aus Erdölbohrungen weitgehend übereinstimmende Abfolgen mit nicht-marinen Ostracodenfaunen mit z. T. identischen Arten aus Nordostbrasilien (Reconcavo-Graben, Prov. Sergipe) und aus Gabun in Westafrika nachweisen (Abb. 42). Diese, durch seitherige Untersuchungen auch für Angola bestätigten Ergebnisse durch Mikrofossilien dokumentieren, daß noch zur älteren Kreidezeit (Wealden) ein Brackwasserbecken existierte, das Teile Nordostbrasiliens und Westafrikas bedeckte. Südamerika und Afrika bildeten damals noch eine zusammenhängende Landmasse, in der sich Gräben als Vorläufer des Südatlantiks bildeten. Über dem nicht-marinen Wealden dieser Grabenfüllungen liegen in den heutigen Küstenbecken Nordostbrasiliens und Westafrikas marine Ablagerungen der jüngeren Unterkreide (Ober-Apt und Alb), welche die vom Süden her vordringende marine Transgression belegen, die nach KENNEDY und COOPER auch tatsächlich der Öffnung des Südatlantiks im jüngeren Alb, also zur jüngsten Unterkreidezeit entspricht. Demgegenüber existierte damals nach REYMENT und TAIT aufgrund von Ammonitenfaunen noch keine direkte Meeresverbindung zu der vom Norden her bis in den heutigen Golf von Guinea reichenden Mee-

resbucht. Die Ammonitenfaunen weichen voneinander ab (Vasco-
ceratiden im Süden, *Selwynoceras*-Assoziation im Norden) und gehören zwei verschiedenen Faunenprovinzen an. Nach REYMENT und
TAIT kam es erst in der älteren Oberkreide (jüngeres Unterturon)
zur ersten durchlaufenden Meeresverbindung zwischen dem nördlichen und südlichen „Südatlantik", und erst ab diesem Zeitpunkt

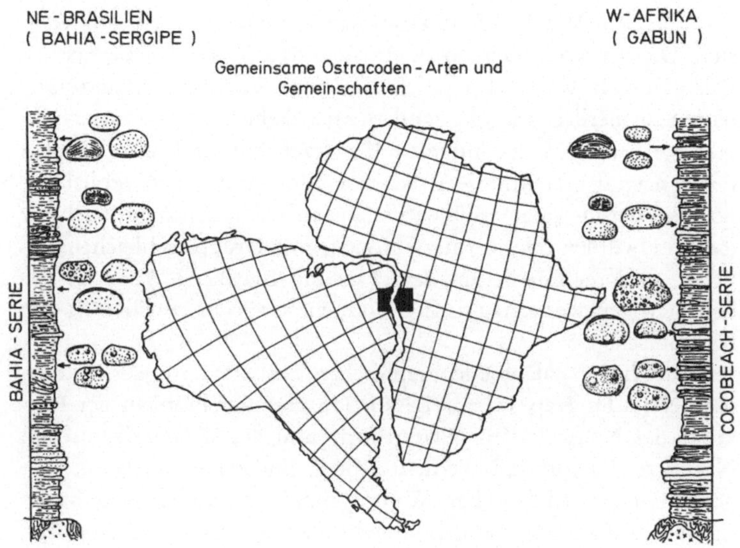

Abb. 42. Profile aus nichtmarinen Becken des „Wealden" (jüngster Oberjura und
Unterkreide) von Nordostbrasilien (Reconcavo-Graben, Prov. Sergipe) und West-
afrika (Gabun) und ihre übereinstimmenden Ostracodenfaunen. (Nach KRÖMMEL-
BEIN, 1966 und 1966a, aus THENIUS, 1976)

sollte von einem Südatlantik gesprochen werden. Demgegenüber
werden die ältesten marinen Ablagerungen vom Walfischrücken
(Nannoplanktonschlamm) als Alb-Cenoman datiert. Sie zeigen, daß
die Aufspaltung im Süden zu dieser Zeit bereits eingesetzt hatte.

Durch den Nachweis, daß Südamerika und Afrika noch bis zur
„mittleren" Kreidezeit landfest miteinander verbunden waren, wird
nicht nur das gegenwärtige Verbreitungsbild jener Organismen verständlich, von denen bereits im Kap. III die Rede war [z. B. Salm-
ler (Characoidei), Lungenfische (Lepidosirenidae), Knochenzüngler

(Osteoglossidae) und Zungenlose (Pipidae)], sondern auch der erst in den letzten Jahren gelungene Nachweis einer *Xenopus*-Art aus dem ältesten Tertiär (Paleozän) von Brasilien. Krallenfrösche (Gattung *Xenopus*) sind gegenwärtig nur aus Afrika bekannt. Ihre nächsten rezenten Verwandten sind die Wabenkröten (Gattung *Pipa*) Südamerikas. *Xenopus romeri,* die Art aus dem brasilianischen Paleozän, steht *Xenopus tropicalis,* einer rezenten westafrikanischen und einer auch aus dem Miozän Marokkos bekannt gewordenen Art am nächsten. Dies ist wohl nicht so zu erklären, daß *Xenopus romeri* erst im Paleozän von Westafrika per Drift (etwa durch eine Bauminsel) nach Südamerika gelangte, sondern eher dadurch, daß die Gattung *Xenopus* bereits in der jüngeren Kreidezeit entstand, und *Xenopus romeri* nach der Trennung Afrikas von Südamerika dort verblieb, jedoch seither in Südamerika wieder ausstarb. Ähnliches gilt auch für die Blindwühlen oder Gymnophionen, eine Gruppe schleichenähnlicher, fußloser Lurche aus dem Paleozän Brasiliens. Auch sie stehen heutigen westafrikanischen Formen *(Geotrypetes)* näher als den neotropischen.

Mit diesen paläobiogeographischen Befunden ist jedoch auch das bereits im Kap. III zur Diskussion gestellte Problem der Herkunft der Neuweltaffen (Platyrrhina) und der südamerikanischen Nagetiere (Caviomorpha) erneut aktuell. Sind beide jeweils aus einer gemeinsamen afrikanischen Wurzelgruppe entstanden oder haben sie sich unabhängig von den altweltlichen aus nordamerikanischen Ahnenformen entwickelt? Wie bereits oben erwähnt, müßten die gemeinsamen afrikanischen Wurzelgruppen spätestens im jüngeren Eozän existiert haben. Zu dieser Zeit, also vor etwa 40 – 50 Millionen Jahren, hatte der Südatlantik mehr als ein Drittel seiner heutigen Breite, d. h. etwa 1800 km erreicht. Eine auch für etwas driftfähige Landtiere, wie es Nagetiere und Kleinaffen sind, zweifellos zu breite Meeresstraße. Nach dem besonderen Verlauf beider Küsten und aufgrund der Tatsache, daß Afrika keine reine Ostdrift, sondern zugleich eine leichte Rotation gegen den Uhrzeigersinn erfahren hat, erscheint die Annahme, daß der Südatlantik zwischen Nordostbrasilien und dem südlichen Westafrika (Goldküste — Nigeria) trotz der zwischen Ostbrasilien und Gabun bereits 1500 km betragenden Breite, nur eine schmale Meeresstraße war, berechtigt. Da auch die damaligen Meeresströmungen von Westafrika gegen

Südamerika verliefen, wäre nicht nur die Drift der Vorfahren der caviomorphen Nagetiere und der Neuweltaffen von Afrika nach Südamerika verständlich, sondern auch der fehlende Nachweis einer umgekehrten Drift erklärt. Die Richtigkeit dieser Annahme vorausgesetzt, würde dies die Lösung von zwei der größten biogeographischen Probleme bedeuten.

Auf das Problem der AS-Gruppen und der transantarktischen Verbreitung wird erst im folgenden Kapitel zurückgekommen.

Im folgenden sei noch eine Auswahl weiterer Befunde, die sich aus dem Verbreitungsbild vorzeitlicher *Landtiere* ergeben, und die für die Kontinentalverschiebung von Bedeutung sind, erwähnt. Auf die Verbreitung vorzeitlicher Meeresorganismen sei erst in einem der folgenden Abschnitte eingegangen.

Für das Tertiär sind es in erster Linie Säugetiere, die entsprechende Befunde liefern. Erscheint die eigenständige Entwicklung der tertiärzeitlichen Säugetierfaunen Südamerikas und Australiens keineswegs ungewöhnlich, so überraschen doch die von G. G. SIMPSON festgestellten Affinitäten zwischen ältest-tertiären (paleozänen und alteozänen) Säugetierfaunen Europas und Nordamerikas. Diese betreffen nicht nur das Gattungsniveau (z. B. *Peratherium, Palaeosinopa, Paramys, Plesiadapis, Esthonyx, Ectoganus, Pachyaena, Phenacodus, Hyracotherium, Coryphodon*), sondern auch identische Arten. Diese faunistischen Affinitäten gelten auch für Reptilien [z. B. Krustenechsen (Helodermatiden)], flugunfähige Laufvögel *(Diatryma)* und Süßwasserfische *(Lepidosteus, Amia).* Eine Deutung dieser nahen Beziehungen durch die Ausbreitung über die damalige Beringbrücke ist nicht möglich, da damals die Turgai-Straße Europa von Asien trennte. Dieser Meeresarm verlief östlich des Urals und verband die Tethys mit dem arktischen Meer.

Mit dem Mitteleozän beginnt die getrennte Entwicklung der europäischen und nordamerikanischen Säugetierfaunen. Seitherige faunistische Ähnlichkeiten und Übereinstimmungen sind auf den Austausch über die Beringbrücke zurückzuführen. Die engen faunistischen Beziehungen im ältesten Tertiär sind nur durch eine Landbrücke oder durch direkte Landverbindung zu erklären. Die als Thule-Brücke bezeichnete Färöer-Island-Grönland-Schwelle existierte damals nicht. In Übereinstimmung mit der paläogeographischen Entwicklung des Nordatlantiks (s. u.) kann diese Landverbindung nur über Baffin-Island, Grönland und Spitzbergen verlaufen sein. Die alttertiären Floren von Spitzbergen sprechen für ein humides, gemäßigtes Klima, die spärliche Marinfauna hingegen für kühle Bedingungen, so daß ein Faunenaustausch auf dieser Route für Landtiere und -pflanzen mit Ausnahme tropischer Elemente durchaus möglich war. Das nach dem Alteozän einsetzende Aufreißen des Nordatlantiks machte einen weiteren Faunenaustausch unmöglich.

Nicht weniger interessant sind die erst in jüngerer Zeit durch M. CRUSAFONT nachgewiesenen engen Beziehungen der jungmiozänen Säugetierfaunen Spaniens und Nordafrikas, die sich nicht durch eine über Vorderasien erfolgte Ausbreitung erklären lassen. Auch diese Affinitäten haben ihre Erklärung erst durch ozeanographische Untersuchungen im Mittelmeer gefunden. Dieses war nämlich im jüngsten Miozän (= „messinian event“) vom Atlantik abgeschnürt und ermöglichte somit den direkten Faunenaustausch zwischen der Iberischen Halbinsel und Nordafrika (Marokko).

VI. Zur Geschichte der heutigen Ozeane

Die Entstehung des Atlantischen Ozeans

Auf einige Aspekte der Entstehung des Atlantiks wurde bereits im vorhergehenden Kapitel hingewiesen. Sie zeigen, daß die Öffnung des Atlantischen Ozeans keineswegs überall gleichzeitig erfolgte, sondern daß beträchtliche Unterschiede zwischen dem Süd- und Nordatlantik vorhanden sind. Aber auch der Nordatlantik hat sich nicht gleichzeitig geöffnet, sondern in Etappen.

Für die Entstehung des Nordatlantiks ist eine paläontologische Altersdatierung nur in begrenztem Ausmaß möglich. Eine genauere Datierung der Öffnung des Nordatlantiks durch Fossilien stößt schon deshalb auf Schwierigkeiten, weil zwischen Ozeanen und epikontinentalen Meeren oft nur schwer zu entscheiden ist. Für die Trias ist eine direkte Verbindung zwischen Europa und Nordamerika nicht nur aufgrund der Landwirbeltierfaunen [z. B. Lurche mit Labyrinthodonten *(Metoposaurus)*, Reptilien mit Pseudosuchiern

(Chirotherien), Therapsiden (Tritylodontier) und Thecodonten (Phytosaurier)] anzunehmen, sondern auch nach dem Fehlen mariner Triasablagerungen im östlichen Nordamerika. Das damalige Mittelmeer, die Tethys (s. u.), die den Gondwanakontinent und Laurasia im östlichen Bereich trennte, endete im Westen mit einer Meeresbucht im Bereich des heutigen westlichen Mittelmeeres. Weite Teile Westeuropas und des östlichen Nordamerikas waren damals Festland, das nur örtlich von epikontinentalen Meeren überflutet war.

Nach der Magnetostratigraphie des Ozeanbodens und der paläontologischen Datierung der Meeresbodensedimente begann die Entstehung des zentralen Atlantiks im älteren Jura, zwischen Nordamerika und Westafrika, nachdem sich bereits Vorboten in Form von Basaltergüssen in der Obertrias bemerkbar machten. Die bisher ältesten Ablagerungen des Meeresbodens sind aus dem Bereich des westlichen Nordatlantiks (östlich der Bahamas und bei den Kapverdischen Inseln im südöstlichsten Nordatlantik) bekannt (Abb. 43). Es sind Ablagerungen des Ober-Jura. Da der Atlantik, im Gegensatz zum Pazifik — wo ältere Anteile nach der Öffnung des Ozeans durch Kontinentalschollen überfahren wurden —, sich nach beiden Seiten hin annähernd gleichmäßig verbreiterte (abgesehen vom karibischen Bereich, wo ein Teil der atlantischen Platte unter die karibische Platte absinkt), muß angenommen werden, daß sich der Nordatlantik — zumindest im zentralen bis südlichen Bereich, etwa zwischen der Barracuda-Bruchzone im Süden und der Azoren-Gibraltar-Zone im Norden — bereits im Jura zu bilden begann. Über den genauen Zeitpunkt des Beginnes gehen die Auffassungen etwas auseinander, da paläobiogeographische Befunde bereits für eine Öffnung im älteren Jura, also vor etwa 180 Millionen Jahren, zu sprechen scheinen. Diese Diskrepanzen sind nicht nur Ausdruck der manchmal etwas problematischen Datierung über die Magnetostratigraphie, sondern auch der Tatsache, daß die paläontologische Datierung im kontinentalen Bereich meist auf epikontinentalen Flachmeerablagerungen, die anhand von Tiefseebohrungen gewonnenen Daten auf Ozeanbodensedimenten beruhen.

Problematisch bleibt freilich das Verbreitungsbild mancher Dinosaurier, wie der Sauropoden zur Oberjurazeit und der Iguanodonten zur älteren Kreidezeit, auf die bereits oben hingewiesen

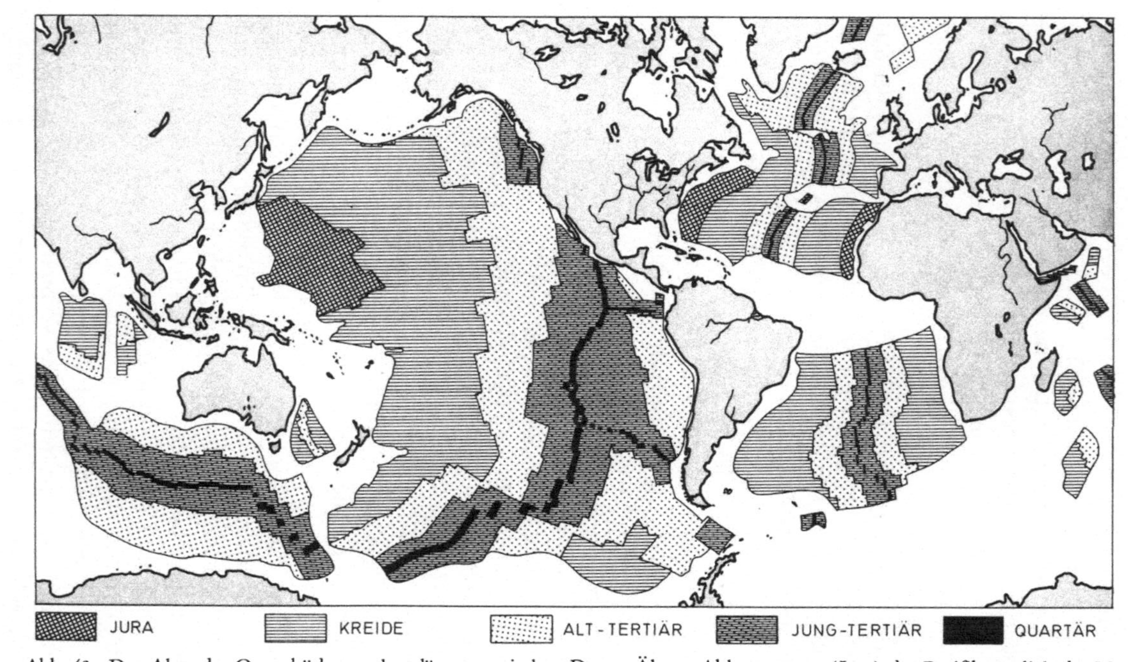

Abb. 43. Das Alter der Ozeanböden nach paläomagnetischen Daten. Älteste Ablagerungen (Jura) des Pazifiks östlich des Marianengrabens, des Atlantiks östlich der Bahamas bzw. vor der Westküste Afrikas. Der Großteil von Pazifik und Atlantik entstand zur Kreide- und Tertiärzeit. (Nach PITMAN et al., 1974, vereinfacht umgezeichnet)

wurde. Die Ähnlichkeiten zwischen der Reptilfauna der ostafrikanischen Tendaguru-Formation und den nordamerikanischen Morrison-Schichten des Oberjura sind ebensowenig zu übersehen, wie das Vorkommen von *Iguanodon* in Europa, Asien, Nordamerika und Nordafrika zur Unterkreidezeit. Diese paläobiogeographischen Befunde deuten darauf hin, daß auch noch während der Jura- und der älteren Kreidezeit die — wenn auch beschränkte — Möglichkeit eines Faunenaustausches für Landtiere zwischen dem Gondwanakontinent und Laurasia bestanden haben muß. Dieser Faunenaustausch wird vielleicht etwas leichter verständlich, wenn man berücksichtigt, daß die Sauropoden wasserbewohnende Reptilien waren und vermutlich in Ästuaren lebten, ferner daß das Mesozoikum als ausgesprochen akryogene Ära zu bezeichnen ist, d. h. keine Polkappen in Form von Eisschilden existierten, wie es für kryogene Perioden typisch ist (vgl. dazu Kap. IX). Dies läßt nicht nur das Fehlen von Vereisungsspuren, sondern auch die weitgehend einheitliche Flora der Jura- und der älteren Kreidezeit vermuten (s. Kap. XI).

Während sich also der zentrale Teil des Atlantiks durch eine Ostdrift Afrikas bereits im Jura zu öffnen begann, entstand der Südatlantik, d. h. eine durchgehende Ozeanverbindung zwischen Südamerika und Afrika, erst in der „mittleren" Kreidezeit. Auf die entsprechenden Befunde wurde bereits oben hingewiesen. Auch hier sind Plateaubasalte im Paranábecken Argentiniens und im Kaokoveld Südwestafrikas aus der älteren Kreidezeit als Vorläufer der Trennung anzusehen, denen zur jüngeren Jurazeit ein kontinentales Grabenstadium vorausgegangen war. Ältere Meeresablagerungen auf dem südamerikanischen bzw. afrikanischen Kontinent sind durch epikontinentale Meere bedingt. Etwa gleichzeitig begann sich auch der Nordatlantik zwischen Nordamerika und Westeuropa zu öffnen. Noch später öffnete sich der nördliche Teil des Nordatlantiks, die norwegische und grönländische See, wovon bereits im vorigen Kapitel die Rede war. Die Trennung Nordwesteuropas von Grönland datiert — für den heutigen Atlantik — erst seit dem Eozän (seit etwa 50 Millionen Jahren), als sich der Nordatlantik in diesem Bereich vom Süden her öffnete (Abb. 44). Damit stehen Reste eines basischen Magmatismus in Südostgrönland, auf den Färöern und auf den Britischen Inseln in Einklang. Wichtig zum Verständnis ist, daß das submarine und heute nordwestlich der Britischen Inseln liegende Rockall-Plateau einst Teil des Festlandes zwischen Grönland und Europa war, das erst im Alteozän auf etwa 600 m abgesunken ist, sowie daß die Rückenachsen sich verschoben

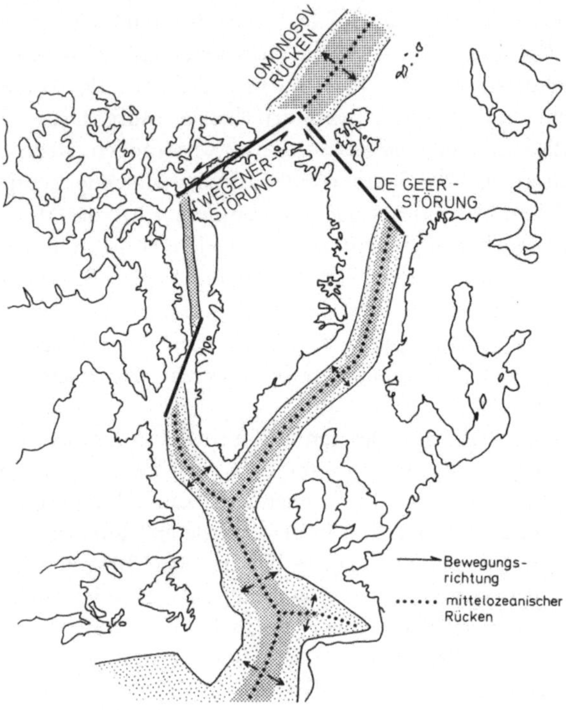

Abb. 44. Der nördlichste Atlantik zur ältesten Tertiärzeit. Landverbindung zwischen Nordamerika und Europa über Grönland und Spitzbergen. (Nach HARLAND, 1969, verändert umgezeichnet)

bzw. Blattverschiebungen zu einer Versetzung der einzelnen Abschnitte samt den Rücken führten. Island entstand erst später, sind doch die ältesten Gesteine Islands mit ca. 20 Millionen Jahren als Miozän zu datieren.

Auch der Arktische Ozean hat seine heutige Gestalt dem „sea-floor spreading" zu verdanken. Das submarine Nansen-Gebirge ist die durch eine Horizontalverschiebung getrennte Fortsetzung des mittelatlantischen Rückens, der sich seinerseits wiederum in der Werchojansker Gebirgskette in Ostsibirien fortsetzt. Diese de Geersche Blattverschiebung verläuft von Nordgrönland über Spitzbergen nach Norwegen und trennt Grönland vom eurasiatischen Kontinentalsockel. Erst diese Blattverschiebung ermöglichte übrigens eine Verbindung der Tiefwasserbereiche von Arktis und Atlantik.

Damit ist die Geschichte des Atlantischen Ozeans in den Grundzügen aufgezeigt worden. Daß Nord- und Südatlantik trotz des verschiedenen Beginnes ungefähr die gleiche Breite haben, läßt sich durch die raschere Öffnung des Südatlantiks erklären, nach dem Prinzip, daß sich die Platten der Lithosphäre um so rascher bewegen, je weiter sie von ihrem Rotationspunkt entfernt sind. Da der Nordatlantik diesem Rotationspol viel näher liegt, hat er sich nur halb so schnell geöffnet. Für den Südatlantik ergibt sich eine durchschnittliche Expansionsrate von 2 cm jährlich, ohne daß Schwankungen auszuschließen sind.

Zu erwähnen wäre freilich noch, daß bis in die jüngste Tertiärzeit eine direkte Verbindung mit dem Ostpazifik bestanden hat. Dies wird nicht nur durch die Marinfaunen, sondern auch durch die Entwicklung der Landsäugetierfaunen bestätigt (s. Kap. III), eine Feststellung, die im Hinblick auf die Entstehung des Golfstromes nicht uninteressant ist.

Auch die Verbindung mit dem Mittelmeer, als „Rest" der Tethys, ist hier zu erwähnen. Noch zur älteren Kreidezeit war die Karibik ein Teil der mediterranen Provinz. Mit der zunehmenden Öffnung des Atlantiks während der Kreidezeit entwickelte sie sich zu einer eigenen Faunenprovinz. Mit der Rotation der Iberischen Halbinsel gegen den Uhrzeigersinn und der „Drift" Afrikas gegen Europa wurde das „Mittelmeer" eingeengt und zugleich weitgehend vom Atlantik abgeschnürt. Im Jungmiozän wurde diese Verbindung überhaupt vorübergehend unterbrochen (s. u.), und erst die pliozäne Transgression stellte die Meeresverbindung wieder her.

Zur Geschichte des Pazifischen Ozeans

Die Geschichte des Pazifischen Ozeans ist durch paläobiogeographische Daten viel weniger belegbar als jene des Atlantiks. Ozeanographische Daten sind daher von besonderer Bedeutung. Wie bereits aus Abb. 33 hervorgeht, liegt der „mittel"pazifische Rücken im südlichen Pazifik in dessen östlichem Teil, um gegen Norden zu unter dem zentral- und nordamerikanischen Kontinent zu verschwinden. Damit ist zwar das „sea-floor spreading"-Konzept auch für den Pazifik gültig, doch bestehen wesentliche Unterschiede gegenüber dem Atlantik. Abgesehen von der größeren Expansionsrate werden die östlich vom „mittel"pazifischen Rücken gelegenen Partien durch die „Drift" des amerikanischen Doppelkontinentes teilweise oder völlig überfahren, und außerdem versinkt die pazifische Platte im Westen und Nordwesten an Tiefseegräben unter die indisch-australische Platte bzw. unter den dem asiatischen Kontinent vorgelagerten Inselbögen. Bereits dadurch ist aufgezeigt, daß zwar die ältesten Ozeansedimente im westlichsten Pazifik zu erwarten sind, diese jedoch nicht den tatsächlichen Zeitpunkt der Entstehung des Pazifischen Ozeans angeben.

Auch hier stammen die ältesten Ablagerungen aus der Jurazeit. Älterer Jura ist östlich vom Marianengraben nachgewiesen (vgl. Abb. 43). Ältere Anteile sind zweifellos durch Subduktion, also durch Unterschiebung, längst wieder verschwunden, so daß die Existenz eines Proto-Pazifik anzunehmen ist, was sich auch aus anderen Überlegungen ergibt. Wie weit die erst in jüngster Zeit von HUGHES ausgesprochenen Überlegungen zutreffen, wonach das pazifische Nordamerika einst mit Ostasien verbunden war und erst im Zuge eines „sea-floor spreading" im jüngsten Mesozoikum Teil Nordamerikas wurde, können erst weitere Befunde bestätigen. Die Paßform mit dem ostasiatischen Kontinentalsockel, die Ausbildung der Gebirgsketten der Rocky Mountains und zahlreiche (paläo)biogeographische Daten sprechen jedenfalls dafür.

Sollte sich diese Deutung tatsächlich als richtig erweisen, so wären manche (paläo)biogeographischen Probleme gelöst. Es sei in diesem Zusammenhang nur auf die disjunkte Verbreitung der Cathaysia-Flora im Jungpaläozoikum (s. Kap. V) und auf die marinen Triasfaunen Alaskas und der übrigen nordamerikanischen Pazifikküste (Oregon, Kalifornien) und ihre Ähnlichkeiten mit den europäischen bzw. den neuseeländischen Faunen hingewiesen.

Wir wollen uns jedoch den Befunden der Ozeanographie und der Meerespaläontologie zuwenden. Demnach wurde der Boden des Pazifiks fast ausschließlich zur Kreide- und Tertiärzeit gebildet. Die gegenüber dem annähernd gleichaltrigen Atlantik bedeutendere Größe ergibt sich aus der größeren Expansionsrate des Ozeanbodens, die im Durchschnitt bis zu 18 cm jährlich beträgt. Im Pazifischen Ozean machen sich die horizontalen „Blattverschiebungen", die senkrecht zum „mittel"pazifischen Rücken verlaufen, besonders stark bemerkbar. Die bekannteste ist die bereits im Kap. II erwähnte San-Andreas-Verwerfung in Kalifornien. Den Maßstab für diese horizontalen Verschiebungen lieferten am Ozeanboden die magnetischen Anomalien. Sie können ganz beträchtliche Werte erreichen. So sind beide Seiten bei der Pioneer-Bruchzone um 250 km gegeneinander verschoben worden, während für die Mendocino-Verschiebung gar 1170 km angegeben werden. Die Mendocino-„transform fault" ist die bekannteste derartige Struktur; sie durchschneidet den Pazifik westlich vom Kap Mendocino im nördlichen Kalifornien knapp nördlich des 40. Breitengrades auf einer Länge von 3000 km. Diese „Blattverschiebungen" sind am „sea-floor spreading" nicht aktiv beteiligt, sie sind nach Auffassung mancher Autoren alte Schwächezonen. Sie können jedoch verschiedene Platten trennen, wie sie etwa im östlichen Pazifik als Cocos-Scholle im Norden und als südlich anschließende Nazca-Scholle bekannt sind. Sie zeigen eine etwas verschiedene Geschichte, die sich auch im andinen Südamerika bemerkbar macht. Der eigentliche Kordilleren-Typ, der durch Subduktion entstanden ist, herrscht nämlich nur nördlich und südlich der Nazca-Platte (zwischen dem Carnegie-Rücken im Norden und dem Nazca-Rücken im Süden) — zumindest bis zum Chile-Rücken — vor. Er ist durch den Vulkanismus an den sog. Benioff-Zonen gekennzeichnet. Südlich vom Chile-Rücken fehlt dieser, dafür kommen Ophiolithe vor, ähnlich, wie nördlich des Carnegie-Rückens.

Im nordöstlichen Pazifik ist die Situation wesentlich komplizierter. Hier ist, wie Alter und Verlauf der magnetischen Anomalien erkennen lassen, der „mittel"pazifische Rücken weitgehend zerstückelt (in Gorda-, Juan-de-Fuca- und Explorer-Rücken) und gleichzeitig von der Nord-Süd-Richtung fast in eine West-Ost-Richtung, mit entsprechender Anordnung der magnetischen Anomalien, verschoben.

Aus dem geknickten Verlauf verschiedener vulkanischer Inselketten im Pazifik (z. B. Midway-Hawaii-Inseln) wird verschiedentlich ein Richtungswechsel der Expansionsachse angenommen, der nach W. J. MORGAN vor etwa 40 Millionen Jahren stattgefunden haben soll. Diese Auffassung basiert auf der Hypothese von der Entstehung derartiger Inselketten durch „hot spots" (heiße Flecken) im Erdmantel (s. o.).

Angaben über das Alter pazifischer Inseln (z. B. Hawaii-, Galapagos-Inseln) sind auch für die Biogeographie sehr wichtig. Sie bilden eine wesentliche Voraussetzung zur Beurteilung des möglichen Zeitpunktes der Besiedlung durch Pflanzen und Tiere. Die älteste der Hawaii-Inseln, Kauai, ist vor etwas mehr als 5 Millionen Jahren, die Hauptinseln dagegen sind erst während der Eiszeit entstanden, während die Bildung der Galapagos-Inseln vor etwa 10 Millionen Jahren einsetzte.

Die indisch-australische Platte driftete im Tertiär gegen Norden. Sie sinkt im Norden in den Tiefseegräben südlich Indonesiens (Sundagraben und Timorrinne) bzw. östlich von Neuguinea (Salomonen- und Neuhebridengraben) unter die westpazifische Platte, die ihrerseits — zumindest im südlichen Teil — im Tonga-Kermadec-Graben unter der indisch-australischen Platte verschwindet. Daß die Verhältnisse jedoch nicht ganz so einfach liegen, zeigt Neuseeland, deren Doppelinsel von einer Blattverschiebung in nord-südlicher Richtung durchzogen wird, deren Anfänge bis in das Mesozoikum zurückgehen.

Der neuseeländische Paläontologe C. A. FLEMING, der sich eingehend mit der Biogeographie Neuseelands befaßt hat, unterscheidet in der heutigen Fauna und Flora neo- und paläoaustralische Arten. Erstere haben sich unter den gegenwärtigen Bedingungen ausgebreitet, während für die Ausbreitung der paläoaustralischen Elemente völlig andere geographische Gegebenheiten geherrscht haben müssen. Das Vorkommen verschiedener faunistischer (z. B. Brückenechse, Urfrösche) und auch floristischer Elemente (z. B. Araucarien, Südbuche?) spricht für eine einstige direkte Verbindung mit anderen Kontinenten der südlichen Hemisphäre im Mesozoikum (Jura, Kreide?) und die seitherige Separation. Dies wird durch die marinen Weichtierfaunen insofern bestätigt, als im Tertiär keine Landverbindungen zu anderen Gebieten nachweisbar sind, in der Oberkreide hingegen Beziehungen zu marinen Flachwasser-Molluskenfaunen (z. B. Trigoniidae) der südlichen Hemisphäre vorhanden waren. Zur Jurazeit wiesen die Trigoniiden noch kosmopolitischen Charakter auf. Die marinen Faunen der Triaszeit besitzen ausgesprochenen Tethys-Charakter mit Beziehungen zu pazifischen Faunen, wie sie aus Indonesien, Ostasien, Alaska, Nevada und Kalifornien bekannt sind.

Die Bildung des Indischen Ozeans
und der zirkumantarktischen Meere

Der Indische Ozean ist für den Biogeographen nicht nur wegen Beziehungen zur Mittelmeerfauna interessant, sondern auch durch die verschiedentlich angenommenen faunistischen Affinitäten zwischen Madagaskar und Vorderindien einerseits, Madagaskar und Südamerika andererseits.

Die Geschichte dieses Ozeans ist leider nicht so gut bekannt, wie jene des Atlantiks, schon deshalb, weil die Ausgangsposition der einzelnen Kontinentalschollen nicht mit Sicherheit festgelegt werden kann. Die folgenden Daten basieren im wesentlichen auf einer zusammenfassenden Darstellung von MCKENZIE und SCLATER aus dem Jahre 1971. Auch hier bilden ozeanographische Daten die Grundlage, da paläontologische Befunde nicht oder nur in begrenztem Maß vorliegen. Aus allen diesen Gründen muß auch die Frage nach einem Proto-Indik unbeantwortet bleiben, obwohl angenommen werden kann, daß zur Jurazeit die äthiopische Provinz der Tethys (s. Kap. XI) dem beginnenden Indischen Ozean entspricht. Dieser trennte den afrikanischen vom antarktischen Kontinent. Auch über den Zeitpunkt der jeweiligen Trennung der einzelnen Kontinentalschollen bestehen beträchtliche Meinungsverschiedenheiten. Sie unterstreichen damit das weitgehende Fehlen paläontologisch datierter Geschehnisse. Dennoch sind verschiedene Aussagen möglich, die für die Lösung biogeographischer Fragen von entscheidender Bedeutung sind.

Die wichtigste geotektonische Struktur des Indischen Ozeans bildet der zentrale Rücken, der als Fortsetzung des Carlsberg-Rückens östlich vom Roten Meer zuerst in südöstlicher, dann in annähernd östlicher Richtung verläuft. Er wird durch verschiedene Blattverschiebungen, ähnlich den übrigen mittelozeanischen Rücken, versetzt. Im Süden von Neuseeland setzt er sich im „mittel"pazifischen Rücken fort. Dieses Schwellensystem trennt nicht nur Vorderindien vom afrikanischen Kontinent bzw. von Madagaskar, sondern auch Australien vom antarktischen Kontinent. Weitere wichtige Strukturen bilden annähernd in nord-südlicher Richtung verlaufende Blattverschiebungen, wie der ostindische Graben längs des 90. Längengrades und die Owen-Bruchzone östlich der Arabischen Halbinsel. Diese Strukturen stehen mit der Norddrift des indischen Subkontinentes in

Zusammenhang. Sie lassen sich auch auf dem südasiatischen Festland verfolgen (Quelta-Zone Belutschistans im Westen und Arcajoma-Zone im Osten) und bestätigen damit die Drift dieser Kontinentalscholle gegen den asiatischen Kontinent, die durch die Unterschiebung der vorderindischen Platte unter die tibetische zur Entstehung des Himalaya geführt hat.

Die Transgressionen des Jurameeres an der ostafrikanischen Küste und der Westküste Madagaskars deuten — sofern es sich nicht nur um epikontinentale Meere handelt — auf eine frühe Aufspaltung zwischen dem afro-amerikanischen Kontinent und dem übrigen Gondwanakontinent hin. Leider geben die ozeanographischen Untersuchungen im Kanal von Mozambique keine Hinweise auf den Zeitpunkt der Trennung Madagaskars von Afrika. Verschiedentlich wird der Standpunkt vertreten, daß Madagaskar bereits im jüngsten Paläozoikum vom afrikanischen Kontinent getrennt war. In diesem Zusammenhang ist zu berücksichtigen, daß die Inselgruppe der Seychellen, im Gegensatz zu Réunion und Mauritius, keine ozeanischen Inseln bilden, sondern auf einem alten kontinentalen Plateau liegen. Auch die Kerguelen sind kontinentalen Ursprungs.

Die Zusammensetzung der rezenten madagassischen Fauna ist recht bemerkenswert. Während die Mehrzahl (z. B. Borstenigel, Halbaffen, Schleichkatzen und die Nesomyinae unter den Nagetieren) Beziehungen zu afrikanischen Gruppen erkennen läßt, besitzen einige Elemente ausgesprochen südamerikanische Affinitäten. Dazu gehören die Boa-Schlangen mit der Madagaskar-Boa *(Acrantophis)* und den Hundskopfboas *(Sanzinia)*, die Madagaskar-Leguane *(Oplurus* und *Chalarodon)* und die Stelzenrallen *(Mesitornis* und *Monias)* aus der Verwandtschaft der südamerikanischen Sonnenrallen *(Eurypyga)*.

Diese faunistischen Beziehungen dürften — und dafür scheint auch das geologische Alter dieser Gruppen zu sprechen — auf jene Zeit zurückgehen, in der zwar der landfeste Kontakt mit Afrika bereits unterbrochen, die Verbindung mit Südamerika über die Antarktis jedoch noch vorhanden war. Die Säugetiere Madagaskars sind durchweg per Drift zu verschiedenen Zeiten auf die Insel gelangt, wie nach der Zusammensetzung der Fauna und dem Fehlen von Huftieren (außer Flußpferden im Quartär) und Rüsseltieren anzunehmen ist. Die verwandtschaftlichen Beziehungen der ausgestorbenen Riesenstrauße *(Aepyornithes)* werden nach wie vor diskutiert, indem sowohl

Beziehungen zu afrikanischen straußartigen Vögeln als auch zu australisch-neuseeländischen Vorfahrengruppen angenommen werden. Die Herkunft von Formen des afrikanischen Festlandes ist ebenso unsicher wie der Zeitpunkt ihrer „Einwanderung". Nun aber wieder zur Geschichte des Indiks.

Nach den paläomagnetischen Daten erfolgte der Beginn der „Drift" von Vorderindien bedeutend früher als die Trennung Australiens von der Antarktis. Die Drift des indischen Subkontinentes muß zwischen dem mittleren Jura und der mittleren Kreidezeit eingesetzt haben (Abb. 45). Die ältesten Meeressedimente nahe der vorderindischen Küste stammen aus der Kreidezeit. Er erreichte zur älteren Tertiärzeit den asiatischen Kontinent, wobei zeitweise eine Driftgeschwindigkeit von 16 cm pro Jahr angenommen werden muß.

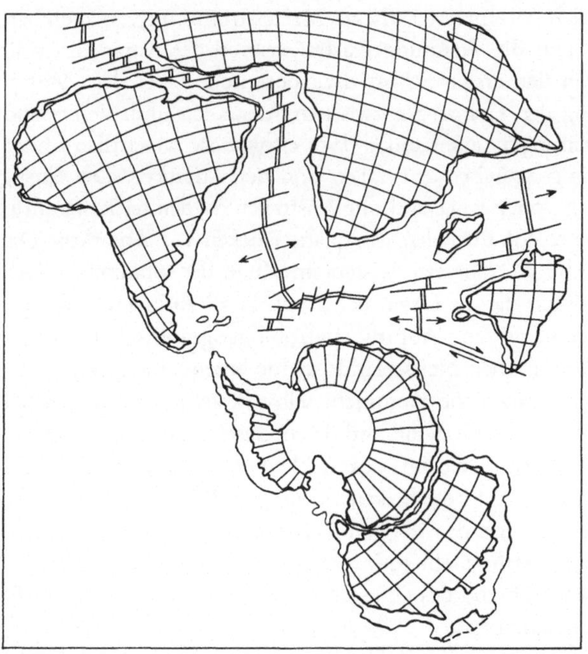

Abb. 45. Südatlantik und Indischer Ozean am Ende der Kreidezeit. Australien und Antarktis noch landfest miteinander sowie durch eine Inselkette mit Südamerika verbunden. Indien noch nicht mit Asien vereint. (Nach McKenzie und Sclater, 1971, verändert umgezeichnet)

Australien und die Antarktis waren nach MCKENZIE und SCLA-
TER noch bis ins Alttertiär landfest miteinander verbunden. Die Trennung erfolgte erst im Eozän und führte seither zur Norddrift der australischen Scholle gegen die südostasiatische Inselwelt. Dabei entstand
der nördliche Teil Neuguineas mit seinen geologisch jungen Gebirgen, während die übrige Nordbegrenzung der indisch-australischen
Platte an Tiefseegräben unter die westpazifische Ozeanplatte (Sundagraben und Timorrinne, Salomonen- und Neue-Hebriden-Graben)
absinkt.

Der antarktische Kontinent driftete seither langsam in die Südpol-
position, war jedoch nach ELLIOT und SMITH durch die Westantarktis und den heutigen Inselbogen der Südantillen noch bis ins
jüngere Alttertiär mit dem südlichsten Südamerika, zumindest in
Form einer Inselkette, verbunden. Denn erst ab dem Oligozän machen sich zirkumantarktische Meeresströmungen bemerkbar, nachdem bereits die Trennung Australiens von der Antarktis im jüngeren
Alteozän den ersten Schritt dazu bedeutete. Über den Zeitpunkt der
Öffnung der Tasman-See zwischen Australien und Neuseeland gehen
die Meinungen auseinander, doch erfolgte sie wesentlich früher als die
Trennung zwischen Australien und der Antarktis. Die einstige Verbindung von Neuseeland mit Australien ist demnach wesentlich älter
als eine solche über den Macquarie-Rücken zur Antarktis. Die heutigen Gebirge Neuseelands sind im Zuge der alpidischen Gebirgsbildung durch die im Osten der Doppelinsel absinkende westpazifische
Platte entstanden. Auf die paläobiogeographischen Beziehungen
der Meeresfaunen Neuseelands wurde bereits oben hingewiesen.

Der antarktische Kontinent selbst besteht aus zwei, nach Zusammensetzung der Gesteine und deren Geschichte verschiedenen Teilen:
die Ostantarktis, die im wesentlichen aus präkambrischen Gesteinen
aufgebaut ist, und die bedeutend jüngere Westantarktis. Ähnlich wie
für die Gebirge der übrigen Kontinente ist anzunehmen, daß das
transantarktische Gebirge im Zuge einer Kollision von zwei Platten,
und zwar während des jüngsten Präkambriums bzw. ältesten Paläozoikums entstanden ist.

Wenn also auch noch zahlreiche Probleme offen sind, und die
Dokumentation noch recht lückenhaft ist, so haben bereits die bisherigen Ergebnisse zur Lösung zahlreicher biogeographischer Fragen beigetragen.

Durch den Nachweis der relativ späten Trennung Australiens von der Antarktis sowie deren damaliger Position in etwas niedrigeren Breiten als gegenwärtig wird die Antarktis-Route für Landtiere und -pflanzen zur Realität. Sie erklärt das heutige Verbreitungsbild der AS-Gruppen, von denen im Kap. III die Rede war. Aber auch die Sonderstellung und Abgrenzung der australischen Region sowie die Existenz der Wallacea, das tiergeographische Übergangsgebiet zwischen der orientalischen und der australischen Region, werden erst durch die Drift von Australien und Neuguinea verständlich. Wenngleich der Wallaceschen Linie, die östlich von Bali, Borneo und den Philippinen verläuft, oder der etwas östlich davon gelegenen Weberschen Linie (östlich von Timor und Celebes) keineswegs die ihnen einst zugeschriebene Bedeutung zukommt, so bilden sie doch für die nur beschränkt ausbreitungsfähigen Gruppen Verbreitungsschranken ersten Ranges, die bei einer gleichbleibenden Position Neuguineas und Australiens zu Südostasien nicht verständlich wäre. Neuguinea und Australien haben erst im Quartär ihre heutige Lage erreicht. Für Landpflanzen, Fledertiere, Vögel, Insekten und auch Landschnecken, um nur die wichtigsten Gruppen mit entsprechender aktiver bzw. passiver Verbreitung zu nennen, bilden die Wallacesche und Webersche Linie keine Verbreitungsschranken. Die herrschenden Meeresströmungen machen die Ausbreitung orientalischer Elemente unter den Landpflanzen nach dem Osten (Neuguinea, Neukaledonien usw.) innerhalb der geologisch jüngsten Vergangenheit, und damit die pflanzengeographische Zuordnung Neuguineas zur orientalischen Region bzw. zur Paläotropis durchaus verständlich.

Zur Verbreitung der Beuteltiere noch einige Worte. Sie sind gegenwärtig auf die Neue Welt und auf die australische Region (einschließlich der Wallacea) beschränkt. Die ältesten Fossilfunde von Beuteltieren sind aus der jüngsten Unterkreidezeit Nordamerikas bekannt. Es sind Formen aus der Verwandtschaft der Beutelratten, die als Stammgruppe fast sämtlicher späterer Beuteltiere angesehen werden. Beuteltiere waren zur Tertiärzeit in Südamerika arten- und formenreich verbreitet. Manche von ihnen, wie die Borhyaeniden, zeigen große Ähnlichkeiten mit heutigen australischen Beuteltieren (z. B. Beutelwolf, Beutelmarder), die seinerzeit auch als Ausdruck direkter Verwandtschaft gedeutet wurden. Wie jedoch der amerikanische Paläontologe G. G. SIMPSON zeigen konnte, sind es keine direkten verwandtschaftlichen Beziehungen, sondern Parallelerscheinungen. Die südamerikanischen und auch die australischen Beuteltiere lassen sich nämlich von beutelrattenartigen Formen der jüngeren Kreidezeit ableiten. Die geologisch ältesten Beutler Australiens sind aus dem jüngsten Oligozän bekannt. Sie dokumentieren, daß damals bereits die Aufspaltung in die großen Stämme erfolgt war.

Die Herkunft der australischen Beutler über die Antarktis-Route von Südamerika bedarf zwar noch der Belege vom antarktischen Kontinent, ist jedoch ohne Zweifel viel wahrscheinlicher als die Einwanderung über Südostasien, die von G. G. SIMPSON vertreten wird. Nicht nur jegliches Fehlen fossiler Beuteltierreste aus Asien macht diese Route äußerst unwahrscheinlich, sondern auch das Fehlen rezenter Beuteltiere in Südostasien. Weiterhin zeigt eine Analyse der gegenwärtigen Verbreitung der Beuteltiere, daß diese Neuguinea erst später erreichten als Australien, vermutlich erst zur Eiszeit, als die Torres-Straße durch eustatisch bedingte Meeresspiegelabsenkung eine Landbrücke bildete, und daß die Beuteltiere in der Wallacea und auf den Salomonen-Inseln erst ganz junge Einwanderer darstellen. Das Vorkommen verschiedener primitiver Beuteltiere (Dachsbeutler) auf Neuguinea ist aus ökologischen Gründen als eiszeitliches Rückzugsgebiet anzusehen.

VII. „Ur“-Ozeane und „Ur“-Kontinente, epikontinentale und Nebenmeere

Der bekannte deutsche Geologe HANS STILLE unterschied 1948 Ur- und Neu-Ozeane. Pazifik und Atlantik werden von ihm als Ur-Ozeane, da sie über bereits vorkambrisch konsolidiertem Untergrund liegen sollen, der Indik hingegen als Neu-Ozean bezeichnet, da dieser nach STILLE im ursprünglich kontinentalen Bereich durch Absenkung entstanden sei.

Wie im vorhergehenden Kapitel dargelegt wurde, haben die seitherigen ozeanographischen Untersuchungen ergeben, daß sämtliche *heutigen* Ozeane erdgeschichtlich junge Gebilde sind, daß jedoch der Pazifik auf eine wesentlich ältere Geschichte zurückblicken kann, als etwa Atlantik, Indik und Arktischer Ozean. Dennoch bedeutet das

nicht, daß es vorher keine anderen Ozeane gegeben hat. Ihre Existenz
ist jedoch durch ozeanographische Befunde nicht nachweisbar. Sie
können nur mit jenen Methoden rekonstruiert werden, von denen bereits im Kap. IV die Rede war. Methoden, die sich ausschließlich auf
Gesteine im Bereich der heutigen Kontinente stützen. Die Kontinente selbst oder zumindest Teile von ihnen sind, verglichen mit den
Meeren, sehr alt. Manche von ihnen existierten bereits im frühen Präkambrium. Es sind die sog. „alten Kerne", wie sie etwa als Laurentia,
Fennosarmatia und Angaria von der nördlichen Hemisphäre bekannt
sind.

Wo lagen die damaligen Ozeane? Noch vor wenigen Jahrzehnten
nahm man für das jüngere Präkambrium einen Ur-Arktik, Ur-Skan-
dik, einen nördlichen und einen südlichen Ur-Atlantik und einen Ur-
Pazifik an. Seit der Entwicklung des „sea-floor spreading"- und des
„plate tectonics"-Konzepts hat auch hier ein Wandel in den Vorstellungen eingesetzt, dennoch bleibt vieles bei der Rekonstruktion von
Lage, Begrenzung, Wassertiefe usw. dieser „Ur"-Ozeane hypothetisch.
Dies zeigen bereits die unterschiedlichen Auffassungen der einzelnen
Erdwissenschaftler, die sich mit diesem Thema befaßt haben.

Der Proto-Atlantik und der „old red"-Kontinent

Geologen, die sich vornehmlich mit den Erscheinungen der Gebirgsbildungen befaßten, wie etwa der bekannte französische Geologe
E. HAUG und der schon erwähnte deutsche Geologe HANS STILLE,
aber auch der Wiener Geologe LEOPOLD KOBER, war längst die Tatsache bekannt, daß die einzelnen Kontinente aus verschiedenen, in
Bau und Geschichte abweichenden Komponenten zusammengesetzt
sind. Diese Erkenntnisse waren durch eingehende geologisch-petrolo-
gische und paläontologische Untersuchungen an den Gesteinen der
Kontinente selbst gewonnen worden, also längst bevor die ozeanographischen Studien zu den oben geschilderten Ergebnissen geführt hatten.

Es seien hier nur die Grundzüge des tektonischen Baues von Europa und Nordamerika aufgezeigt, und zwar im Hinblick auf die Frage nach der Existenz eines Proto-Atlantiks. Wie bereits im vorigen
Kapitel geschildert werden konnte, begann der heutige Atlantik in sei-
nem zentralen Teil zur Jurazeit aufzureißen, dem in der Oberkreide

der Südatlantik und der nördliche Atlantik sowie im älteren Tertiär
der nördlichste Atlantik folgten. Bestand bereits vorher ein Proto-Atlantik? Die Beantwortung dieser Frage ermöglicht die Geotektonik in
Verbindung mit den neuen Vorstellungen der Plattentektonik.

Europa besteht aus mindestens vier Großeinheiten, die von
H. STILLE als Ur-, Paläo-, Meso- und Neo-Europa bezeichnet wurden
(Abb. 46). Ur-Europa bildet den geologisch ältesten stabilen Kern aus
präkambrischen Gesteinen, den fenno-sarmatischen Schild, der große

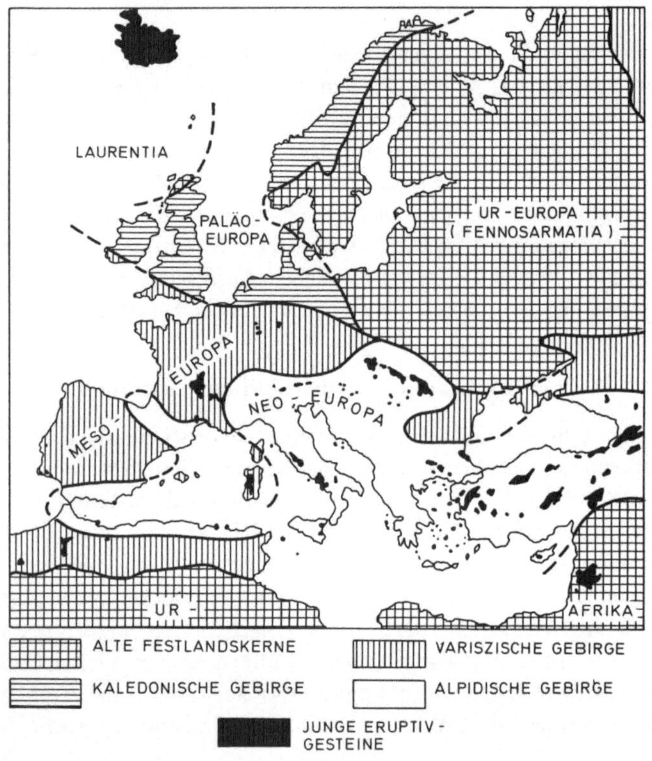

Abb. 46. Die geotektonischen Großeinheiten Europas. Der präkambrische fennosarmatische Schild als Ur-Europa, an den im Paläozoikum durch die kaledonische Gebirgsbildung Paläo- und durch die variszische Orogenese Meso-Europa sowie im
Meso- und Känozoikum durch die alpidische Gebirgsbildung Neo-Europa einschließlich älterer Anteile „angeschweißt“ wurden. (Nach mehreren Autoren kombiniert)

Teile Skandinaviens, Norddeutschland, das Baltikum und die russische Tafel, also den Großteil des europäischen Anteils der UdSSR, umfaßt. Ähnliche „Ur"-Kontinente, d. h. Kerne aus präkambrischen Gesteinen, bilden der Kanadische Schild in Nordamerika (Laurentia), der Sibirische (Angaria), der Chinesische Schild (Cathaysia) sowie Vorderindien in Asien, der Brasilianische und der Guyana-Schild in Südamerika, Westaustralien, die Ostantarktis und schließlich der west-, zentral- und südafrikanische Schild in Afrika.

An diesen weitgehend starren fenno-sarmatischen Schild wurden in Europa durch spätere Gebirgsbildung weitere Festlandsteile „angeschweißt". Diese Gebirge, die aus Sedimenten und magmatischen Gesteinen entstanden, sind seither z. T. wieder durch die Abtragung weitgehend eingeebnet worden. Zu diesen zählen die Kaledonischen Gebirge des Alt-Paläozoikums (Paläo-Europa), dem Norwegen, Schottland und Irland angehören, sowie die variszischen Gebirge (Meso-Europa), deren Bildung im wesentlichen während des Jungpaläozoikums erfolgte. Das variszische Gebirge baut das armorikanische Massiv in Nordfrankreich, Wales, Cornwall und Südirland, die Iberische Meseta und das französische Zentralplateau, Korsika und Sardinien sowie die variszischen Horste in Mitteleuropa auf, von denen die Ardennen, das Rheinische Schiefergebirge, der Odenwald, Schwarzwald und Vogesen, Harz, Thüringer Wald und die Böhmische Masse als wichtigste Massive genannt seien. Allerdings sind Teile dieses variszischen Gebirges nicht nur später in jüngere Kettengebirge eingebaut worden, sondern enthalten auch ältere Anteile. Den jüngsten Teil Europas bilden die alpidischen Gebirge (Neo-Europa), die im Meso- und Känozoikum geformt wurden und auch gegenwärtig teilweise noch Hochgebirgscharakter zeigen. Zu ihnen zählen die Pyrenäen, die Betischen Ketten in Spanien, der Apennin, der Alpen-Karpaten-Bogen und die Dinariden und ihre Fortsetzung auf dem Balkan (vgl. Kap. X).

Nordamerika läßt eine ähnliche Gliederung in mehrere tektonische Großeinheiten erkennen. Den ältesten Kern bildet der Kanadische Schild, der Kanada, Grönland und die Inselwelt dazwischen umfaßt. An diesen präkambrischen Kern, der wiederum in sich eine Gliederung in verschiedenaltrige Anteile erkennen läßt, wurden durch die taconische, acadische und appalachische Gebirgsbildung im Paläozoikum die Appalachen samt ihren Fußflächen im Osten angefügt. Das pazifische Nordamerika bildet den jüngsten Teil dieses Kontinentes. Er wurde durch die alpidische Gebirgsbildung im Mesozoikum und Känozoikum geformt, wie nicht nur der Hochgebirgscharakter der Rocky Mountains, sondern auch noch die gegenwärtige vulkanische Tätigkeit erkennen lassen.

Sind die alpidischen Gebirge im Sinne der Plattentektonik mit der Entstehung der heutigen Ozeane ursächlich verknüpft, so läßt sich die Bildung der kaledonischen Gebirge, deren nördliche Fortsetzung in Ostgrönland und auf Spitzbergen liegt, durch einen einstigen Proto-Atlantik erklären (Abb. 47). Auf diesen Überlegungen beruht die Annahme von J. TUZO WILSON vom einstigen Proto-Atlantik. Diese Auffassung wird durch den Nachweis von ähnlichen Meeresfaunen, ferner von Ablagerungen auf den Britischen Inseln, die nur vom Kanadischen Schild stammen können, und durch submarine Kissen-Laven in Schottland gestützt, die auf den einstigen Ozeanboden hinweisen. Allerdings sind diese Auffassungen nicht unwidersprochen geblieben, vor allem was die Deutung als einstigen Ozean betrifft. Die Übereinstimmungen im geologischen Bau (Stratigraphie und Tektonik) und in den Faunen Neufundlands und der Britischen Inseln lassen sich durch ein einstiges Binnenmeer ebensogut, wenn nicht sogar leichter erklären. Dieser Proto-Atlantik erstreckte sich im Bereich des heutigen Nordatlantiks zwischen Grönland und Florida einerseits, Europa und Westafrika andererseits. Allerdings gehörten Norwegen, Schottland, Nordirland und ein Teil Westafrikas zur westlichen, die östlichen Teile von Neufundland, New Brunswick, Maine und Massachusetts hingegen zur östlichen Küstenregion. Die kaledonische Geosynklinale, die dem Proto-Atlantik entspricht, wich demnach schon in seiner Umrandung vom heutigen Nordatlantik ab.

Die Richtigkeit der Wilsonschen Hypothese vorausgesetzt, hätten sich der nördliche Teil dieses Proto-Atlantiks durch die kaledonische Gebirgsbildung während der Obersilurzeit, vor etwa 400 Millionen Jahren, der südliche Abschnitt durch die acadische Orogenese nach der Mitteldevonzeit geschlossen und dabei die Berge Norwegens und der Britischen Inseln aufgefaltet. Jedenfalls existierte zur Devonzeit ein „Nord"-Kontinent, der Teile Kanadas, Grönlands, Skandinaviens und die Britischen Inseln umfaßte. Er ist bekannt als der „old red continent", nach dem „old red sandstone", einem typischen Gestein, das in Schottland, Grönland, Spitzbergen und Kanada verbreitet ansteht.

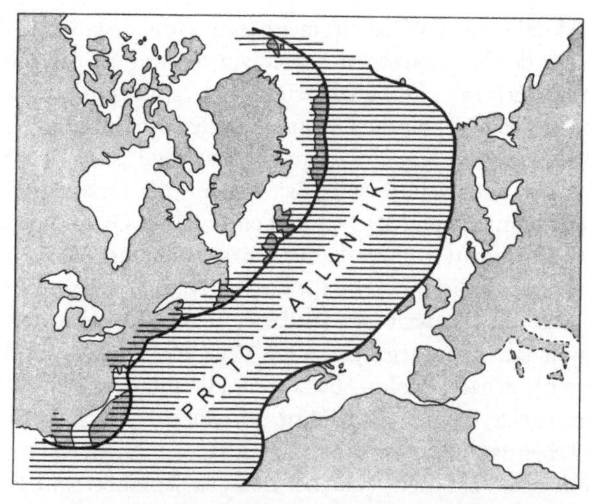

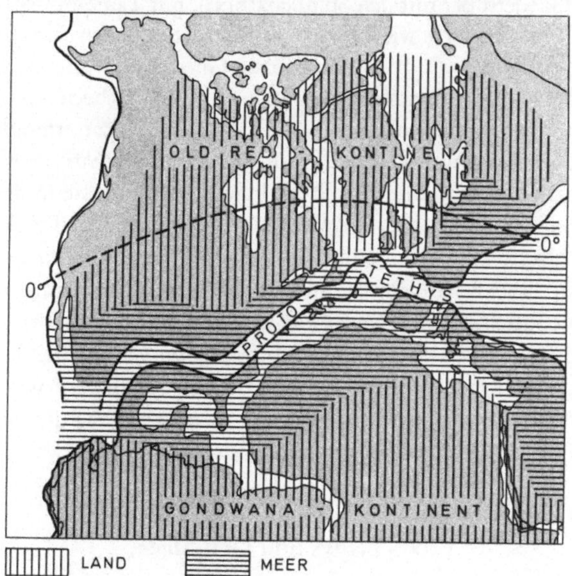

Abb. 47. *Oben:* Der Proto-Atlantik im Altpaläozoikum (Ordovizium) nach J. T. WILSON. Die kaledonische Gebirgsbildung führte zu seiner Schließung. (Nach WILSON, 1966, und HARLAND, 1967, kombiniert umgezeichnet.) *Unten:* Proto- oder Paläo-Tethys und der Old-Red-Kontinent zur Devonzeit. (Nach JOHNSON und DASCH, 1972, und OLIVER, 1976, verändert umgezeichnet)

Dieser „old red sandstone" ist ein meist rot gefärbter Sandstein, der an den Rändern der Kaledonischen Ketten am mächtigsten ist. Die Rotfärbung und auch der Fossilinhalt zeigen, daß es sich um kontinentale Ablagerungen handelt, die auch lakustrische Sandsteine, Mergel „schiefer" und Kalke sowie Konglomerate umfassen und damit den Molasseablagerungen vergleichbar sind. Sie wurden zur Devonzeit hauptsächlich in intermontanen Becken und am Fuß der Gebirgsketten des damaligen Kontinentes unter klimatischen Bedingungen abgelagert, wie sie heute in ähnlicher Weise für die tropische Zone zutreffen. Damals eroberte die Tierwelt das Festland; die Landnahme durch die Pflanzenwelt war vorausgegangen. Eine Vegetation aus Nacktpflanzen (Psilophyten), Schachtelhalm-, Bärlapp- und Farngewächsen bedeckte das vorher nackte Gestein und führte zur Bodenbildung. Damit war auch der Lebensraum für die Landtiere vorhanden. Nicht nur die Wirbeltiere mit den Vierfüßern (Lurche: *Ichthyostega*) eroberten das Land, auch die Gliederfüßer mit den Spinnenartigen, mit Tausendfüßern und den Insekten. Ähnlich wie bei den Landpflanzen waren verschiedene Neukonstruktionen (z. B. Stützgewebe, Gliedmaßen zur Fortbewegung, Schutz gegen Austrocknung, Lungen oder Tracheen zur Luftatmung) notwendig, um das Leben auf dem Festland zu ermöglichen.

Von den Stammformen der Vierfüßer, den Quastenflossern unter den Knochenfischen, finden sich zahlreiche fossile Reste in den Ablagerungen der damaligen Süßwassertümpel, die in den Trockenzeiten wiederholt austrockneten. Verschiedene Merkmale dieser Quastenflosser, wie Fischlungen, ein Nasen-Rachen-Gang und die eigenartigen, auch zur Fortbewegung an Land geeigneten Brust- und Bauchflossen deuten darauf hin, daß sie diesen Quastenflossern bei periodischen Trockenzeiten das Aufsuchen größerer Wasseransammlungen über Land ermöglichten; Anpassungen, die sich für das spätere Landleben der Tetrapoden als vorteilhaft erweisen sollten.

Proto-Tethys und Ural-Meer

Nordosteuropa war damals von Mittel- bzw. Südeuropa und von Asien durch Meeresgebiete getrennt. Erst Gebirgsbildungen im Jungpaläozoikum führten zu einer landfesten Verbindung aller dieser Landmassen zu einem einheitlichen Nordkontinent (Laurasia), der zusammen mit dem damaligen Südkontinent (Gondwana) die Pangaea bildete, von der bereits oben die Rede war. Noch heute zeugen die Rumpfgebirge in Europa und der Ural von diesen jungpaläozoischen Orogenesen.

Sie bilden zugleich den Schlüssel für die geologische bzw. paläogeographische Geschichte Mitteleuropas, markieren sie doch die Nahtstelle, an der die nördlichen und südlichen Teile Mitteleuropas vor nicht ganz 300 Millionen Jahren zusammengefügt worden sind. Der nördliche Teil lag an der Südküste des alten Europas, der südliche hingegen gehörte zur Nordküste des damaligen Afrikas. In den Senken der Festländer bzw. den Küstengebieten war damals die Steinkohlenflora heimisch. Dieses südliche Geosynklinalmeer, das bereits im Altpaläozoikum existierte, wird als Proto- oder Paläo-Tethys bezeichnet, nachdem erstmalig R. RICHTER von ältesten Vorboten der Tethys im Unterkambrium Vorderasiens gesprochen hatte. Wohl waren auch weite Teile Osteuropas überflutet, doch waren dies epikontinentale Meere auf starren Plattformen. Die Proto-Tethys hingegen ist als ehemaliger Ozean zu bezeichnen (Abb. 47). Mit der Annäherung des Gondwanakontinentes an die nordosteuropäische Plattform verengte sich im Devon die Proto-Tethys, und die vorwiegend karbonatische böhmische Fazies näherte sich der rheinischen Fazies des Rheinischen Schiefergebirges. Zur Karbonzeit ging dieser Prozeß weiter, es kam zur Auffaltung der Sedimente und zur weiteren Verengung der Proto-Tethys, die nördlich des variszischen Gebirges als schmaler Saum von Wales über das Ruhrgebiet nach Osten verlief. Südlich des variszischen Gebirges dominierte die Kalksedimentation.

Problematisch ist die Fortsetzung der Proto-Tethys nach Osten. Nach R. WOLFART ist die Entwicklung in Vorderasien sehr wechselhaft, indem drei Abschnitte mit jeweils kontinentalen Phasen am Beginn und marinen Phasen am Ende unterschieden werden können, welche zugleich die Orogenesen widerspiegeln. Einer marinen Transgression im Mittel-Kambrium folgt eine mehr kontinentale Entwicklung, die von neuerlichen transgressiven Tendenzen im Mittelordovizium abgelöst wird. Silur und Unterdevon sind durch einen Rückzug des Meeres nahezu aus dem gesamten Tethys-Raum Vorderasiens gekennzeichnet. Abermalige Transgressionen im Mittel- bis Oberdevon und Unterperm, mit kontinentalen Phasen dazwischen, sind für die weitere Geschichte wichtig.

Nach H. W. FLÜGEL sind vor der Devonzeit keine sicheren Hinweise für eine Proto-Tethys in Vorderasien vorhanden, was jedoch für das Unterkambrium durch die *Redlichia*-Faunen in Vorder- und Südostasien widerlegt wird (s. Kap. XI). Verschiedentlich wird ein Zusammenhang mit der Schließung des Proto-Atlantiks angenommen. Wichtig für diese Deutung sind die Ophiolithe der Hatay-Zagros-Zone (Türkei – Persien) als *paläozoische* submarine Magmen.

Die Proto-Tethys, die im asiatisch-pazifischen Bereich auch zur Permzeit existierte, war der Lebensraum einer arten- und formenreichen Warmwasserfauna mit Kalkalgen (Wirtelalgen: *Mizzia*), Großforaminiferen (Fusulinen: Verbeekiniden), Riff-Korallen (Waagenophylliden, Durhaminiden, Lophophylliden), Armfüßern (Richthofenien, Lyttoniiden) und Stachelhäutern (Blastoideen).

Während in Europa die Proto-Tethys durch die variszische Gebirgsbildung bereits im Oberkarbon weitgehend eingeengt wurde, „verlandet" das Ural-Meer erst am Ende der Permzeit.

Für das Ural-Meer (= „pleionic ocean"), das die Proto-Tethys mit dem damaligen arktischen Ozean verband, sind zwar auch Großforaminiferen (Fusulinen), Ammoniten, Muscheln und Schnecken, Armfüßer, Korallen, Krebstiere und Stachelhäuter kennzeichnend, doch fehlen — zumindest im mittleren und nördlichen Bereich — die für die Proto-Tethys typischen Warmwasserfaunen mit Kalkalgen, Riffkorallen, Lyttonien und Richthofenien (=Armfüßer).

Das Ural-Meer wurde durch die uralische Gebirgsbildung während der Perm- bzw. Triaszeit geschlossen, als der Baltische Schild (= Russische Plattform) und der Sibirische Schild (Angaria) miteinander kollidierten, nachdem bereits vorher die Verbindung zur Proto-Tethys unterbrochen worden war.

Bereits damals existierten im Norden und Süden kühlere Meere. Letzteres ist durch die *Eurydesma*-Fauna als Kaltwasserbereich charakterisiert.

Das Zechstein-Meer

Bevor wir uns jedoch der Geschichte der Tethys zuwenden, noch einige Bemerkungen zu einem epikontinentalen Meer, dem Zechstein-Meer, das sich ebenfalls zur jüngeren Permzeit von der Arktik her nach Süden erstreckte, jedoch weite Teile des nördlichen Mitteleuropas bedeckte (vgl. Abb. 26). Epikontinentale Meere sind Flachmeere, die durch teilweise Überflutung von Kontinenten entstehen. Es sind also keine Ozeane mit den in den Kap. V und VI geschilderten Kennzeichen. Es fehlt ihnen die für Ozeane kennzeichnende Tiefe und damit auch ein echter basaltischer Ozeanboden. Derartige epikontinentale Meere sind zu verschiedensten Zeiten durch Transgression entstanden.

Das Zechstein-Meer, das seinen Namen einer von Bergleuten verwendeten Bezeichnung für das Oberperm in Deutschland verdankt, ist eigentlich nur eine südliche Bucht des damaligen arktischen Meeres, die durch die Salinarbildung charakterisiert ist (vgl. Kap. IV). Die Verbindung mit dem offenen Meer war durch eine Schwelle eingeengt. Die Basis der Ablagerungen bildet ein Konglomerat als Aufarbeitungsprodukt der Gesteine des älteren Perms, des Rotliegenden. Darüber folgt Kupferschiefer, der in den tieferen Teilen des Meeresbeckens als kupferhaltige, bituminöse Schiefer ausgebildet ist und küstenwärts in eine mergelige, kupferfreie und bitumenarme Fazies übergeht. Er enthält häufig Ganoidfische *(Palaeoniscus, Platysomus)* und entstand durch eine leichte Einschnürung der Nordseestraße. Über dem Kupferschiefer liegt der Zechstein-Kalk mit Armfüßern (Productiden), der mit „Riffen" aus Kalkalgen (Stromarien) und Bryozoen (z. B. Fenestellen) verzahnt ist, wie es besonders in Thüringen der Fall ist. Diese Riffe zeigen, daß ein Austausch mit dem Weltmeer wieder freier war. Eine neuerliche Abschnürung vom Weltmeer führte unter nunmehr ariden Klimabedingungen zur Entstehung der Gips- und Salzlagerstätten, von denen bereits oben die Rede war. Die weiteren Zyklen beginnen jeweils mit der Öffnung des Zechstein-Beckens und enden mit einer abermaligen Abschnürung, die zur Eindunstung führte, lag doch das Zechsteinmeer im Bereich der damaligen Wüstengürtel.

Die Tethys

Als Tethys (nach Tethys, der Gattin des Okeanos) wurde von dem Wiener Geologen EDUARD SUESS ein sich im Erdmittelalter in west-östlicher Richtung erstreckender Meeresgürtel bezeichnet, der durch Warmwasserfaunen charakterisiert ist. Es war das alte „Mittelmeer", eine Bezeichnung, die sich noch heute in dem Namen „mediterran" für Tethys-Faunen und -Floren erhalten hat. War man ursprünglich der Meinung, daß sich die Tethys zur Triaszeit von Ostüber Südasien nach Europa und von dort weiter nach Nordamerika als Meeresgürtel fortsetzte, so hat sich dies — wie bereits oben erwähnt — bisher nicht bestätigt. Zur Triaszeit endete die Tethys im Westen im Bereich des heutigen westlichen Mittelmeeres (Abb. 48). Problematisch bleiben allerdings die Beziehungen der mari-

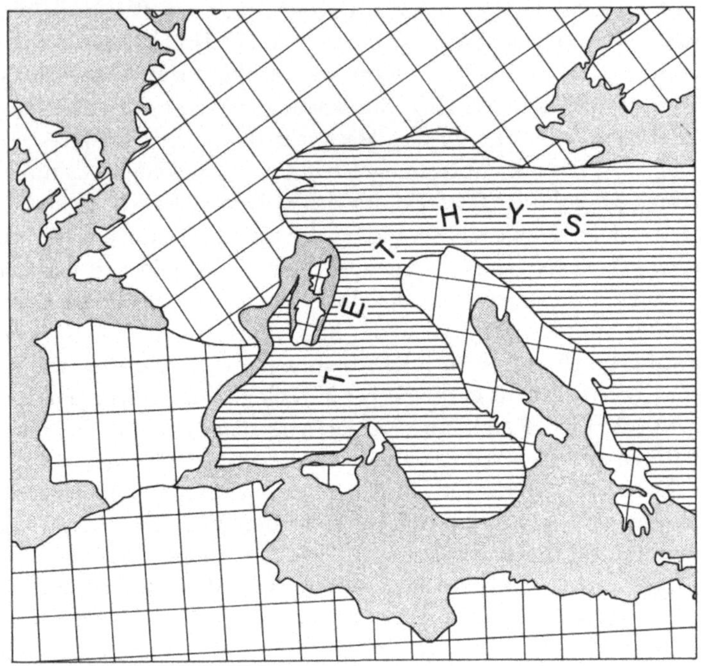

Abb. 48. Das Westende der Tethys im frühen Mesozoikum. Italien, Dalmatien und Westgriechenland als Teile des afrikanischen, Korsika und Sardinien als solche des europäischen Kontinentes in der Interpretation von DERCOURT. (Nach DERCOURT, 1970, verändert umgezeichnet)

nen Schneckenfauna der Obertrias von Peru zur alpinen Obertrias, die neben solchen zu Idaho und Argentinien feststellbar sind.

Erst zur Jurazeit war die Tethys ein in Ost-West-Richtung verlaufender Meeresgürtel, der Laurasia und Gondwana trennte. Während aus der Trias vor allem Flachmeersedimente und -faunen bekannt sind, machen sich zur Jura- und Kreidezeit Anzeichen für größere Wassertiefen bemerkbar, sei es in Form von Radiolariten, Aptychenschichten und Calpionellenkalken, sei es als Turbidite (Ablagerungen von Trübströmen) oder als Produkte submariner Lavaergüsse (Ophiolithe), von denen bereits im Kap. IV ausführlich die Rede war.

Paläogeographisch ist interessant, daß die Marinfaunen der Trias und auch des Juras weit verbreitet waren. Jeder, der die triadischen Ammoniten- und Muschelfaunen der Hallstätter Kalke des Salzkammergutes in Oberösterreich kennt, ist überrascht von der Ähnlichkeit bzw. Übereinstimmung mit gleichaltrigen Faunen aus dem Himalaya, von Timor, Neuseeland, von Kalifornien und Nevada; ein Verbreitungsbild, das selbst für schwimmende Formen wie Ammoniten nicht leicht zu deuten ist, da damals keine direkte Meeresverbindung zwischen Europa und Nordamerika bestanden hat.

Für die Jurazeit hat bereits 1883 der Wiener Paläontologe MELCHIOR NEUMAYR nach den marinen Faunen eine äquatoriale mediterrane oder Tethys-Provinz, eine nördliche und südliche gemäßigte und eine boreale „Provinz" unterschieden. Nach den Ammoniten und den Belemniten lassen sich innerhalb der Tethys-Region außer der mediterranen Provinz relativ gut eine äthiopische und eine indo-pazifische Provinz ausgliedern, die — im Gegensatz zur borealen Region — nicht durch klimatische, sondern durch physische Barrieren getrennt waren.

In der Kreidezeit bahnen sich entscheidende Änderungen an. Zur älteren Kreidezeit gehörten der karibische und der eigentliche mediterrane Raum einer einheitlichen Faunenprovinz an. Noch während der „mittleren" Kreidezeit (Apt-Alb) war eine Migration bodenbewohnender Großforaminiferen (z. B. Mesorbitolinen) vom mediterranen zum karibischen Raum möglich. In der Oberkreidezeit bilden die Karibik und der Mittelmeerraum eigene Provinzen, wie die marinen Bodenfaunen mit Muscheln, Schnecken und Großforaminiferen erkennen lassen. Eine weitere paläobiogeographische Differenzierung läßt sich überdies im karibischen Raum in der jüngeren Kreidezeit feststellen. Damit spiegelt sich das paläogeographische Geschehen wider. Zur Oberkreidezeit bildete der sich öffnende Atlantik für bodenbewohnende Meeresformen bereits eine Barriere. Atlantik und Tethys waren damals noch über die Betische Geosynklinale breit verbunden. Die Tethys selbst erstreckte sich über Afghanistan und Pakistan sowie Nordindien bis nach Burma und Südostasien, während der zwischen der Arabischen Halbinsel bzw. Somalia und Vorderindien gelegene Teil eine eigene (indische) Provinz bildete. Erst durch die Drehung Afrikas und die Rotation der Iberischen Halbinsel zur Oberkreidezeit bzw. im Alttertiär, die zur Öffnung des Biskaya-Golfes führte, wurde die Tethys verengt. Italien und Teile Jugoslawiens bildeten ursprünglich einen Teil des afrikanischen Kontinentes. Sie wurden erst während der Tertiärzeit an Europa „angeschweißt". Die paläogeographische Geschichte dieses Raumes ist allerdings derart kompliziert, daß es noch zahlreicher weiterer Untersuchungen zur endgültigen Klärung bedarf.

Im älteren Jungtertiär, vor etwa 18 Millionen Jahren, schließt sich durch die Verbindung Afrikas mit Eurasien der vom Mittelmeer über Vorderasien und den Iran zum Indischen Ozean verlaufende Meeresarm und trennt diesen vom Mittelmeer, nachdem bereits im jüngeren Alttertiär der nordindische Teil der Tethys durch den Zusammenstoß Vorderindiens mit Südasien verlandet war, und damals auch schon die eozänen Elemente im Mittelmeer etwa zur Hälfte verschwunden waren. Eine damit im Zusammenhang stehende Klimaverschlechterung führte zum Rückgang der tropischen paläomediterranen Elemente im Mittelmeer, die indo-pazifische Affinitäten aufweisen, die durch warmgemäßigte bis subtropische mediterrane bzw. atlantische Elemente ersetzt wurden, womit eigentlich das Ende der Tethys in diesem Raum gekommen ist. Das Mittelmeer selbst ist — erdgeschichtlich gesehen — ein sterbendes Meer. Die Nachkommen der Tethys-Fauna leben heute im Indischen Ozean, im westlichen Pazifik und im Karibischen Meer. Einzelne Elemente (z. B. Trigonien unter den Muscheln) sind auf die australische Region beschränkt. Eine im jüngsten Miozän vor etwa 5 – 6 Millionen Jahren erfolgte „Austrocknung" des Mittelmeeres („messinian event" mit mächtigen Evaporiten am Meeresboden, die zweifellos keine Tiefwasserablagerungen sind), brachte vorübergehend brackische Elemente ins Mittelmeer. Diese „Trockenphase" des Mittelmeeres erklärt nicht nur das Vorkommen afrikanischer Landtiere während der jüngsten Tertiär- und Quartärzeit auf verschiedenen Mittelmeerinseln (z. B. *Pellegrinia* als Kammfinger auf Sizilien), sondern auch die heutige Verbreitung von Säugetieren auf den Balearen, Korsika und Sardinien. Im Pliozän kam es zu einer Transgression vom Atlantik her. Unter den Ostracoden treten richtige Tiefwasserformen auf. Die nachfolgenden pleistozänen Kaltzeiten vernichteten schließlich auch restliche Abkömmlinge der tropischen Tethys-Fauna, die vom Südatlantik her wieder eingedrungen waren. Einige wenige Tethys-Elemente sind seither über das Rote Meer durch den Suezkanal wieder ins Mittelmeer eingedrungen.

Das Rote Meer

Das Rote Meer entstand erst im Jungtertiär durch Abtrennung der in Richtung Persischer Golf driftenden Arabischen Halbinsel, der eine Grabenbildung vorausgegangen war. Dadurch wurde der präkambrische arabisch-nubische Schild getrennt. Die Tatsache, daß die rezente Fischfauna des Roten Meeres fast ausschließlich indopazifischen Charakter besitzt, wird gleichfalls aus der paläogeographischen Geschichte verständlich. Ursprünglich als Ausläufer des Mittelmeeres bzw. des Levantinischen Beckens im Norden über das Suez-Gebiet zeitweise mit diesem verbunden, kam es im Pliozän durch die Kontinentaldrift zur Verbindung mit dem Indik. Eine vorübergehende Verbindung mit dem Mittelmeer zur älteren Eiszeit führte zu einem Faunenaustausch mediterraner und indopazifischer Elemente. Während der pleistozänen Kaltzeiten kam es zu einer mehrfachen Isolierung des Roten Meeres durch eustatisch bedingte Meeresspiegelabsenkung und damit zur Entstehung von einem oder zwei Binnenseen. Die dadurch und durch das aride Klima bedingte Übersalzung führte zur fast völligen Vernichtung der marinen Fauna. Erst in der ausgehenden Eiszeit bzw. im Holozän führte die Hebung des Meeresspiegels zu einer neuerlichen Verbindung über die Perim-Straße mit dem Indischen Ozean, wodurch sich nach dem Frankfurter Ichthyologen W. KLAUSEWITZ der weitgehend indopazifische Charakter der heutigen Fischfauna des Roten Meeres erklärt, wenn man von den etwa 15% endemischen Formen — meist Unterarten — absieht. Für die Wirbellosen (z. B. Krebse, Stachelhäuter) werden wesentlich höhere Prozentsätze an endemischen Formen angegeben.

Das Rote Meer ist demnach erst in erdgeschichtlich junger Zeit durch das „sea-floor spreading" entstanden. Dies belegen nicht nur der übereinstimmende Küstenlinienverlauf der gegenwärtig 200 – 350 km voneinander entfernten Bruchstufen an beiden Seiten, sondern auch ozeanographische Untersuchungen im Roten Meer selbst, die zum Nachweis spätmiozäner Evaporite und Kalke sowie basaltischen Materials an der Sohle als Bildung einer ozeanischen Kruste geführt haben (Abb. 49). Der Beginn als intrakontinentaler Graben ist für das mitt-

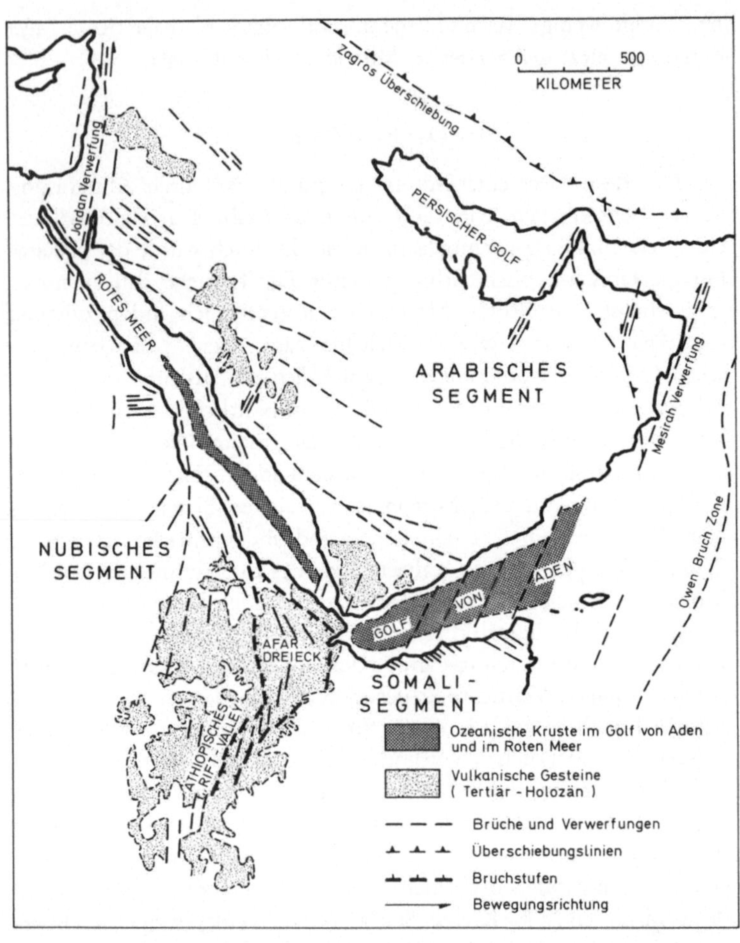

Abb. 49. Das Rote Meer und das Afardreieck als Teil jenes Grabensystems, das sich vom Libanon bis nach Mozambique erstreckt (vgl. Abb. 54). Das Rote Meer entstand erst in den letzten Millionen Jahren, und die Danakilsenke wurde erst in erdgeschichtlich jüngster Zeit zum Festland. (Nach GASS und GIBSON, aus SCHÖNENBERG, 1975)

lere Tertiär anzusetzen. Der achsiale Trog hat sich jedoch erst in postmiozäner Zeit gebildet. Die Drift der Arabischen Halbinsel nach Norden hat übrigens zur Verfaltung des iranischen Zagros-Kettengebirges geführt und bewirkt zugleich eine Verengung des Persischen Golfes. Dieser Deutung stellte sich jedoch das Dreieck von Afar in Äthiopien entgegen. Schließt man nämlich die Arabische Halbinsel an Nordost-afrika an, so ergibt sich eine Überschneidung der Südspitze Arabiens mit dem Afargebiet in Abessinien. Hier erstreckt sich die unter dem Meeresspiegelniveau liegende Danakilsenke parallel zum Roten Meer, von dem sie durch die Danakilalpen getrennt ist. Dieses Afardreieck war lange Zeit ein geologisches Rätsel. Untersuchungen in jüngster Zeit haben jedoch bestätigt, daß dieses Gebiet, das wegen seiner Lebensfeindlichkeit und der Oberflächengestalt oft mit einer zerklüfte-ten Mondlandschaft verglichen wird, tatsächlich vor nicht zu langer Zeit Meeresboden gewesen ist, der erst durch junge tektonische Bewe-gungen gehoben wurde. Mit dieser Erkenntnis war auch dieses Pro-blem gelöst. Dieses Afardreieck liegt in der Fortsetzung der ostafrika-nischen Grabenbruchzone, die sich im Süden bis nach Mozambique erstreckt und auf die im Kap. VIII noch ausführlicher zurückgekom-men wird.

Die Paratethys

Als Paratethys bezeichnet man ein Nebenmeer, das sich zur jünge-ren Tertiärzeit vom Rhônetal nördlich der Alpen und der Karpaten sowie in der ungarischen Tiefebene erstreckte und sich über das Schwarzmeergebiet bis zum Kaspischen Meer und zum Aralsee hin fortsetzte. Sie läßt sich in einen westlichen (französisch-bayerischen), zentralen und einen östlichen Abschnitt (Schwarzmeer- und aralokas-pisches Gebiet) gliedern (Abb. 50).

Die Faunen der Paratethys zeigen im Mittelmiozän (Badenien) noch den starken mediterranen Einschlag (z. B. Wiener Becken), der auf eine direkte Verbindung zum damaligen Mittelmeer hinweist, die wohl über das heutige Dalmatien angenommen werden muß. Im jün-geren Miozän kommt es durch die alpidische Gebirgsbildung zur Ab-trennung von der Tethys. Die Paratethys wurde zu einem Binnenmeer mit einer eigenen, endemischen Brackwasserfauna. Im Pliozän zerfiel dieses Binnenmeer in mehrere Teilbecken, die vom Westen nach Osten als pannonisches, dazisches, pontisches oder euxinisches (= Schwarzmeer-) und aralokaspisches Becken unterschieden werden. Während das pannonische Becken im Bereich des heutigen Öster-reichs und Ungarns rasch verlandete, und später auch das dazische in

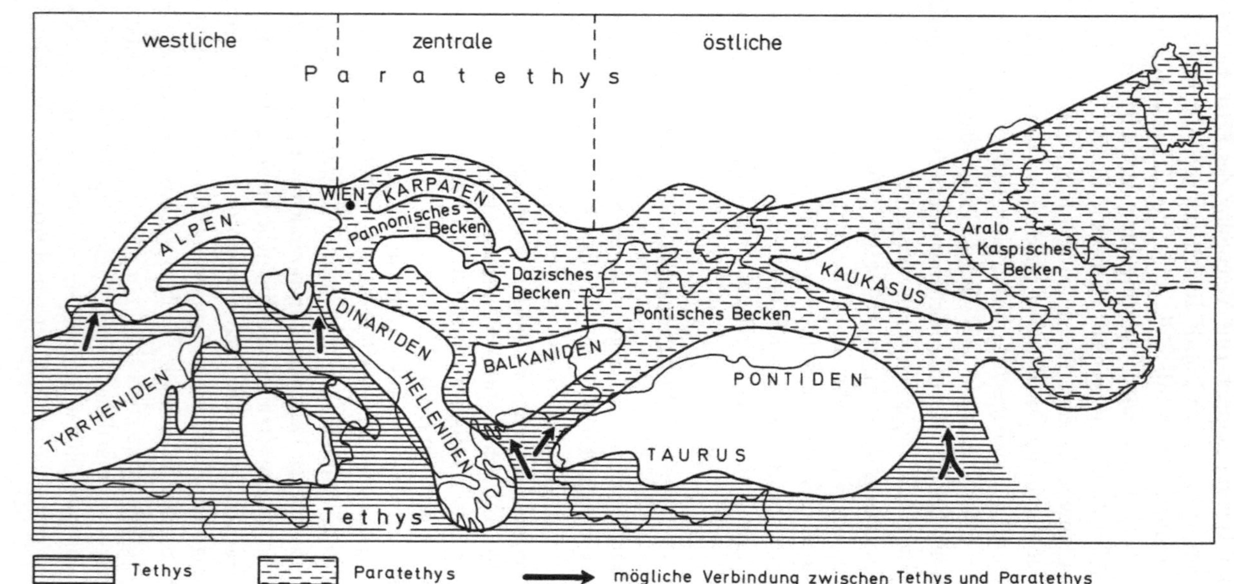

Abb. 50. Die Paratethys im mittleren Miozän. Die Verbindungen zum Mittelmeer im Bereich der Ägäis sind völlig hypothetisch. (Nach POMEROL, 1973, und SENEŠ und MARINESCU, 1974, kombiniert und verändert umgezeichnet)

Rumänien, blieben das euxinische und das aralokaspische Becken bestehen. Dort lebte die sog. „sarmatische" Fauna mit Cardien, Congerien und Melanopsiden fort. Während des Pleistozäns ist es jedoch nicht nur wiederholt zu einer Verbindung beider Becken über die Manytschsenke nördlich des Kaukasus gekommen, sondern es hat auch vorübergehend eine Verbindung des pontischen Beckens mit dem Mittelmeer über die Ägäis bestanden, wodurch mediterrane Elemente die „sarmatischen" zurückdrängten und vereinzelt sogar während pleistozäner Warmzeiten bis in das Kaspische Meer gelangten. Dies wird durch Tiefbohrungen im Schwarzen Meer durch das Forschungsschiff „Glomar Challenger" bestätigt, wonach im Pleistozän die hauptsächlich limnische Entwicklung von mehreren marinen Phasen unterbrochen wird. Diese marinen Transgressionen in den Warmzeiten führten zur Zurückdrängung bzw. Vernichtung der pliozänen Fauna im Schwarzen Meer. Lediglich im Asow-Meer sowie in den Unterläufen der Flüsse, die sich in Limane verwandelten, konnten sich Reste der ehemaligen Brackwasserfauna erhalten. Die letzte marine Transgression setzte im Postglazial ein, als in der Zeit vor 12 000 – 7000 Jahren die Verbindung mit dem Mittelmeer über den Bosporus wiederhergestellt wurde, wie marine Planktonorganismen zeigen. Das Kaspische Meer scheint aber während pleistozäner Kaltzeiten auch vorübergehend über den Aralsee mit dem westsibirischen Eisstausee verbunden gewesen zu sein, wie das Vorkommen einzelner arktischer Elemente (Kaspirobbe? und verschiedene Krebse im heutigen Kaspisee) vermuten läßt. Kaspi- und Aralsee sind demnach die Reste der einstigen Paratethys, in denen die Nachkommen der einstigen Fauna leben. Im nächsten Kapitel wollen wir uns echten Seen zuwenden.

VIII. Einstige Seen: Süß-, Brackwasser- und Salzseen

In erdgeschichtlicher Sicht sind Seen ephemere Gebilde, da sie meist innerhalb weniger Jahrzehntausende verlanden. Ausnahmen bilden nicht nur Kaspi- und Aralsee. Auch der Baikalsee in Zentralasien und der Ochridsee auf dem Balkan reichen in ihren Anfängen bis in die Tertiärzeit zurück, für manche Seen am Alpensüdrand (Comer See und Gardasee) ist es wahrscheinlich. Bereits im Kap. II war von zeitweise austrocknenden Steppenseen und Eisstauseen die Rede. Hier sollen nur einige Beispiele einstiger Seen besprochen werden, die zugleich paläogeographisch interessant sind. Es ist dies der Arbeitsbereich der Paläolimnologie, der sich erst in den letzten Jahren zu einem eigenen Wissenszweig entwickelte. Die Paläolimnologie befaßt sich jedoch vorwiegend mit der spät- und nacheiszeitlichen Geschichte von derzeit existierenden Seen. Verdanken doch diese ihre Entstehung meist der Eiszeit. Hier kommt vor allem der Palynologie, also der Pollen- und Sporenanalyse, besondere Bedeutung zu, da mit ihrer Hilfe eine genaue altersmäßige Datierung der Ablagerungen möglich ist. Diese werden meist durch Bohrer vom Seegrund gewonnen. Diese Bodenproben geben durch die Reste von Muschelkrebschen (Ostracoden), Kieselalgen (Diatomeen), Süßwasserschnecken und -muscheln sowie Einzellern (Thecamoeben) wertvolle Hinweise auf die Geschichte des Sees (Wassertiefe, Zirkulation, Wassertemperatur u. dgl.). Weiterhin liefern paläobiochemische Analysen wertvolle Hinweise zur Salinität.

Es soll hier nicht die Entstehung von Seen diskutiert werden, die auf verschiedene Ursachen zurückgeführt werden kann. Die meisten heutigen Seen verdanken ihre Entstehung der letzten Eiszeit, indem Gletscher den Untergrund auskolkten (Karseen) bzw. ausräumten und durch Aufschüttung von Moränen eine natürliche Abdämmung der Senken schufen (z. B. Baltische Seenplatte, Kanada, Alpenvorland). Auch in tektonisch entstandenen Gräben bilden sich oft Seen (z. B. Totes Meer, ostafrikanische Seen). Sonderfälle bilden die Maarseen in einstigen vulkanischen Sprengtrichtern (z. B. Eifel-Maare) oder Dolinenseen in Karstgebieten, wo toniges Material zur Abdichtung der wasserdurchlässigen Gesteine führte.

Tertiärseen in Mitteleuropa

Vorzeitliche Seeablagerungen finden sich viel seltener als Meeressedimente. Sie sind in erster Linie durch tierische und pflanzliche Fossilien als solche gekennzeichnet. Zu den bekanntesten Beispielen zählen tertiärzeitliche Molasseablagerungen im Norden der Alpen (vgl. Kap. IV), die als marine, brackische und limnische Sedimente ausgebildet sind, ein Zyklus, der sich mindestens zweimal wiederholt. Der ursprüngliche Meerestrog wird durch Abschnürung vom übrigen Meer zu einem Brackwasser- und schließlich zu einem Süßwassersee, der wiederum in absehbarer Zeit verlandet. Eine Entwicklung, wie sie nicht nur im schweizerischen, bayerischen und österreichischen Bereich der Molassezone feststellbar ist, sondern auch im Wiener Becken, wo sich im Sarmat der brachyhaline Charakter der Fauna (ein gegenüber der vollmarinen Fazies mit 33‰ verminderter Salzgehalt zwischen 17 und 30‰) mit dem Vorherrschen bestimmter Schnecken (Cerithien, Pirenellen, Rissoen und *Calliostoma*) und Muscheln (Cardien, Mactren und *Irus*-Arten) bemerkbar macht (Abb. 51). Es sind nur wenige Arten, die dafür in großer Individuenzahl auftreten. Die sarmatischen Sande und Kalke werden daher auch als Cerithien-Schichten bezeichnet. Zur Pannonzeit nimmt der Salzgehalt weiter ab, die Fauna ändert ihren Charakter. Waren im Sarmatmeer noch marine Formen wie Austern, Moostierchen (Bryozoen), Röhrenwürmer (Serpuliden) und Foraminiferen anzutreffen, so verschwinden diese im brackischen Pannonsee. Die Foraminiferen werden durch die Muschelkrebschen „ersetzt"; unter den Muscheln und Schnecken sind nunmehr neben Cardien die Congerien sowie die Melanopsiden häufig und in zahlreichen Arten vertreten. Es sind typische Brackwasserformen (Salzgehalt von 0,5 – 17‰), die in verwandten Arten gegenwärtig noch im Kaspisee bzw. Seen in Zentralasien vorkommen. Die Ablagerungen werden nach den häufigen Congerien-Arten als Congerien-Schichten bezeichnet. Vereinzelt finden sich Abkömmlinge von Süßwassermuscheln *(Psilunio)*. Auch die Fischfauna spiegelt den Brackwassercharakter insofern wider, als neben einzelnen limnischen Arten (z. B. Weißfische, Karpfen, Welse) auch Abkömmlinge mariner Formen (z. B. Umberfische, Heringe, Grundeln und Dorsche) nachgewiesen sind. Unter den Schildkröten sind Fluß- *(Trionyx)* und sonstige Wasserschildkröten, unter den Lurchen Riesensalamander *(Andrias scheuchzeri)* bekannt geworden.

Im jüngeren „Pannon" (=Pont) schreitet die Aussüßung fort, und es finden sich in den nunmehr rein limnischen Ablagerungen neben Resten von Landtieren (z. B. Landschnecken, Landsäugetiere) nur noch reine Süßwasserfische (z. B. Flußbarsche, Hechte, Hundsfische), Süßwasserschnecken *(Planorbarius, Viviparus)* und

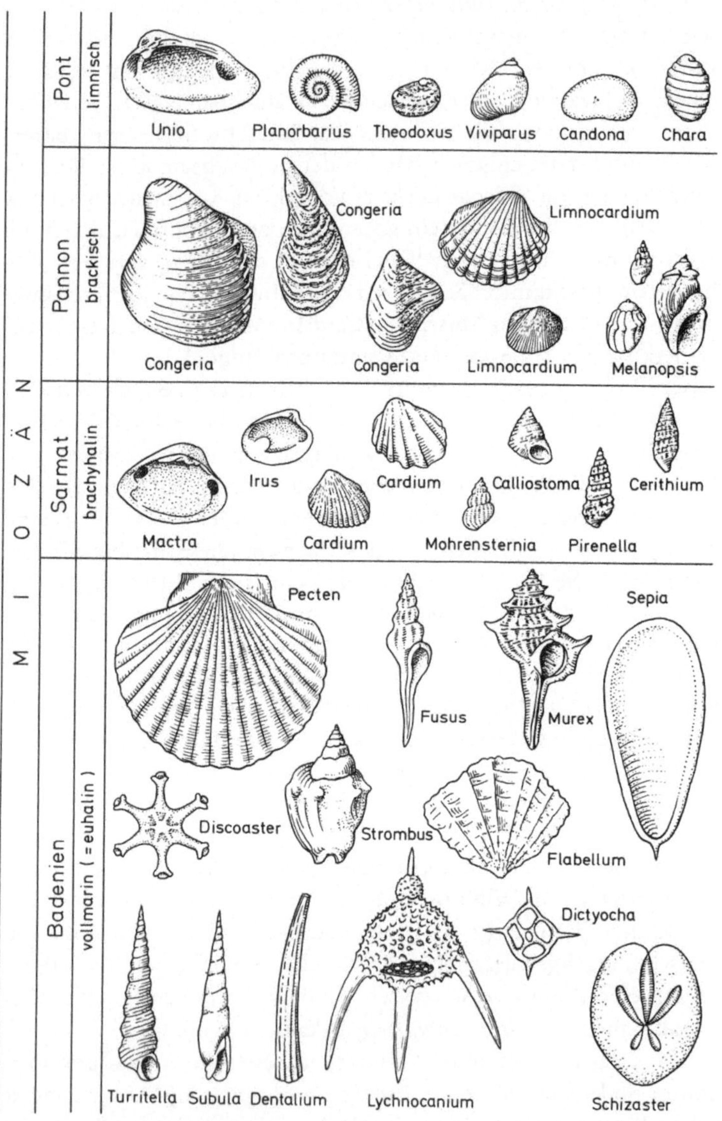

Abb. 51. Salinität (Salzgehalt) und Fazies-Fossilien im Miozän (Badenien – Pannon) im Wiener Becken. Beachte Artenarmut im brachyhalinen und brackischen Milieu. (Nach THENIUS, 1970, verändert umgezeichnet)

130

-muscheln *(Unio, Pisidium)* sowie Armleuchteralgen (Characeen). Es sind Süßwassermergel und -kalke, die lokal als Reste des einstigen Süßwassersees erhalten geblieben sind. Anschließend kommt es zur Verlandung und damit zur Bildung eines Flußnetzes, von dem meist nur Schotter erhalten geblieben sind. Ähnliches gilt für die schweizerische und bayerische Molassezone. Damit ist zugleich angedeutet, daß weder der Bodensee noch sonstige Seen in diesem Gebiete Überreste des einstigen Molassetroges sind.

Das nächste Beispiel führt uns nach Nordamerika, und zwar in die geologisch jüngste Periode, in das Quartär.

Der Lake Bonneville in den USA

Gegenwärtig zählt der „Great Salt Lake" in Utah zu den bekanntesten Salzseen der Erde. Er ist der größte natürliche Binnensee der USA westlich des Mississippi. Er liegt am Ostrand des „Great Basin" und wird im Osten von der Wasatch Range begrenzt (Abb. 52). Dieses Große Becken bildet ein nahezu ebenes, nur von einigen Bergketten und Hügellandschaften durchzogenes Trocken-

Abb. 52. Der Great Salt Lake in Utah (USA) zwischen Salt Lake City und dem Lake Bonneville. Die ebene Fläche im Vordergrund bildet eingedampftes Kochsalz. Blick gegen Nordwesten. (Foto KLAUS)

gebiet mit nur spärlichem Pflanzenwuchs. Es ist eine typische Reliefwüste, da die Kaskaden und die Sierra Nevada im Westen die regenbringenden Winde vom Pazifik nicht dorthin gelangen lassen.

Der Große Salzsee ist allerdings nur der armselige Überrest eines riesigen Gewässers, des Lake Bonneville, der in seiner Ausdehnung den Großen Seen im Osten nicht nachstand. Während der kühlen und feuchten Klimaphasen des Pleistozäns bildeten sich im Großen Becken dank der Niederschläge (Schnee- und Regenfälle) und der Schmelzwässer riesige Binnenseen, der Lake Bonneville im Osten und der Lake Lahontan im Westen, in Nevada, von denen gegenwärtig nicht nur Seeablagerungen, sondern auch Terrassen an den Flanken der heutigen Bergketten zeugen. Der Bonneville-See war zur Zeit seiner maximalen Ausdehnung vor etwa 18 000 Jahren über 550 km lang und 250 km breit, bei einer Tiefe von etwa 300 m. Der Lahontansee, der einen weit unregelmäßigeren Umriß hatte und viel mehr Inseln enthielt, bedeckte eine Fläche von 160 mal 400 km. Während der Bonnevillesee zum „Great Salt Lake" und „Utah Lake" schrumpfte, sind vom Lahontansee mehrere kleine Seen übrig geblieben.

Der Bonneville- und auch der Lahontansee waren ursprünglich Süßwasserseen (Abb. 53). In Trockenperioden schrumpften die Seen, und das Wasser wurde salzig. In den Feuchtperioden wuchsen die Seen erneut und erreichten die maximale Tiefe von 300 bzw. 150 m. Zu dieser Zeit schuf sich der Bonnevillesee nach Norden einen Abfluß über den Red-Rock-Paß, durch den ein Großteil seines Wassers in den Snake River abströmte. Als kein Schmelzwasser mehr zufloß und auch die Regenfälle nicht mehr so ausgiebig waren, sank der Wasserspiegel der beiden großen Seen durch Verdunstung mehr und mehr, und der Salzgehalt nahm ständig zu. Unter den Strandterrassen fallen drei Stufen besonders auf, die mit dem Wasserstand am Ende von drei aufeinanderfolgenden Kaltzeiten der Eiszeit in Zusammenhang gebracht werden. Der heutige „Great Salt Lake" hat eine durchschnittliche Wassertiefe von 4 m, nur stellenweise ist er 10 m tief. Das Wasser des „Great Salt Lake" zeigt mit 25% Salzgehalt eine höhere Konzentration als z. B. das Tote Meer. Bei der Verwitterung der Gesteine werden alle löslichen Substanzen vom Regen in den See geschwemmt und im Wasser durch die hohe Verdunstung angereichert. In der Umgebung des „Great

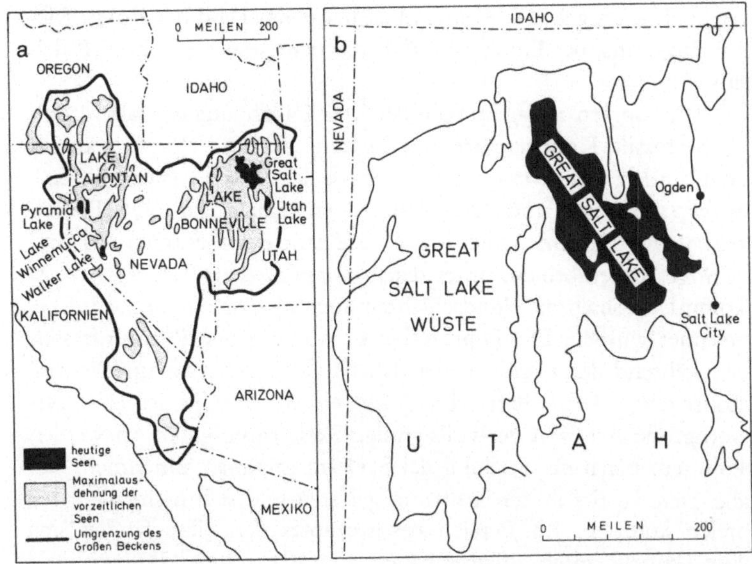

Abb. 53 a u. b. Der Lake Bonneville und der Lake Lahontan im Great Basin (USA) zur Zeit ihrer maximalen Ausdehnung im Pleistozän (a). Der heutige Great Salt Lake als Rest des Lake Bonneville (b). (Nach KAY und COLBERT, 1965, verändert umgezeichnet)

Salt Lake" ist eine Fläche von über 450 km² mit einer dicken Salzschicht bedeckt, die vorwiegend von Kochsalz gebildet wird und die wie ein Schnee- oder Eisfeld wirkt.

Mit diesem Beispiel ist die relief- und klimaabhängige Ausbildung von Binnen- und Salzseen aufgezeigt. Die wechselnde Ausdehnung läßt vor allem paläoklimatische Rückschlüsse zu.

Der Lake Callabonna in Australien

Ähnlich dem Großen Salzsee in Utah bildet der Lake Callabonna den Rest eines großen eiszeitlichen Süßwassersees. Er liegt am Westrand des weiträumigen Graslandes, das sich westlich der großen Wasserscheide Australiens erstreckt, in einem abflußlosen Teilbecken, das heute teilweise eine Wüste ist. Gegenwärtig bildet der Lake Callabonna einen Salzsee bzw. -sumpf, der nur bei Hochwasser weiter überflutet wird und dann eine Länge von über 50 Meilen erreicht. Das umgebende Grasland ist heute das Land des Roten Riesenkänguruhs, des Emus, der Wellensittiche und der bunten Kakadus.

Die tonigen Ablagerungen des Lake Callabonna enthalten zahlreiche fossile Knochenreste von Beuteltieren und Vögeln. Außerdem finden sich Reste von Süßwasserschnecken *(Potamopyrgus)*, Süßwasserkrebsen und Armleuchteralgen (Characeen). Die Beuteltierknochen stammen meist von ausgestorbenen Formen. Es sind richtige Riesenformen, unter denen *Diprotodon* am häufigsten vorkommt, weshalb die Fundschichten auch als *Diprotodon*-„beds" bezeichnet wurden. Die Diprotodonten waren große Pflanzenfresser, die während der Eiszeit in der damals viel feuchteren und vegetationsreichen Landschaft lebten. *Diprotodon australis* ist eine nashorngroße Art, von der vollständige Skelettreste geborgen werden konnten. Nach der Stellung der Skelette darf man annehmen, daß die Tiere zu tief in den Schlamm gerieten und sich nicht mehr befreien konnten. Im Bereich des Rumpfes der Tiere fanden sich lose, kugelförmige Pflanzenballen aus Blattresten, Halmen und kleinen Zweigen krautiger und baumförmiger Gewächse. Es handelt sich zweifellos um Nahrungsreste der Diprotodonten. Der Bau der Gliedmaßen dieser Großbeutler läßt darauf schließen, daß ihre Vorfahren Baumbewohner waren, die später zu einer bodenbewohnenden Lebensweise übergegangen sind. Außer diesen Diprotodonten kennt man einzelne Riesenkänguruhs *(Sthenurus)* und Riesenwombats *(Phascolonus)*, die gleichfalls vermuten lassen, daß damals eine wesentlich reichere Vegetation existierte als gegenwärtig. Es besteht kein Zweifel, daß das Klima in der Nacheiszeit in Australien wesentlich trockener wurde und damit indirekt zum Aussterben dieser Riesenbeutler beitrug. Diprotodonten lebten angeblich noch vor 6570 Jahren, wie nach der Datierung mit der ^{14}C-Methode angenommen wird, doch werden diese Werte nicht anerkannt, da sie nicht für *Diprotodon* gelten.

Noch heute erinnert das vereinzelte Vorkommen von Palmen und Lurchen im Inneren Australiens an die einst weite Verbreitung dieser und anderer Pflanzen und Tiere, deren nächste Verwandte gegenwärtig in den feuchten Küstengebieten vorkommen. Also auch hier klimatische Veränderungen in erdgeschichtlich junger Zeit, die zwar nicht plötzlich, jedoch allmählich eintraten.

Einstige Seen in der afrikanischen Grabenzone

Nach dem Abstecher nach Australien noch einige Beispiele
vom afrikanischen Kontinent. Sie führen uns in das ostafrikanische
Grabensystem. Dieses ist ein Teil des großen Rift Valley, wie es der
schottische Geologe JOHN WALTER GREGORY, der im Jahre 1893

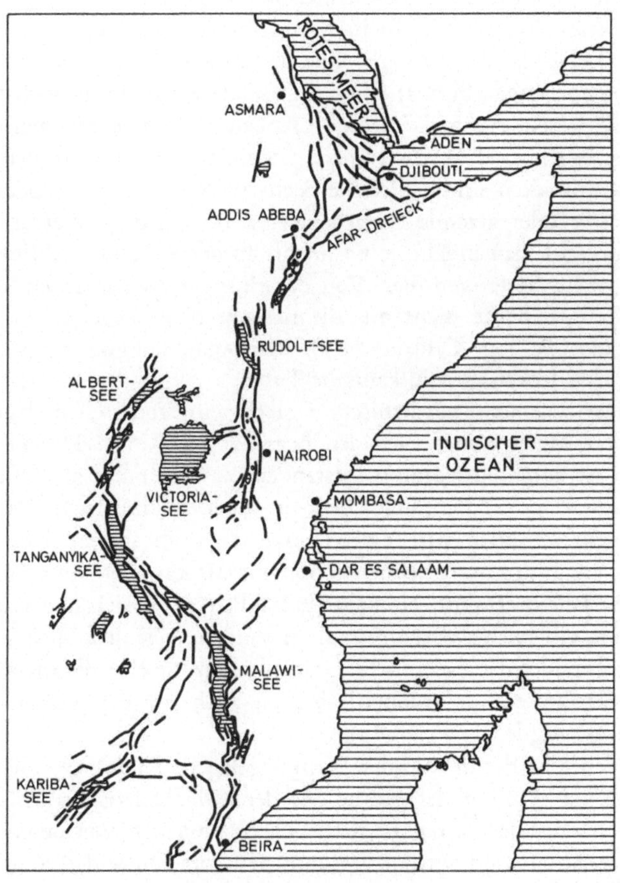

Abb. 54. Die afrikanische Grabenzone vom Afardreieck in Äthiopien bis nach Mozambique. Im mittleren Abschnitt in den zentralafrikanischen im Westen und den
ostafrikanischen Graben im Osten aufgespalten. (Nach ILLIES, aus SCHÖNENBERG,
1975, kombiniert umgezeichnet)

den Graben erstmals geologisch untersuchte, bezeichnete. Dieses Rift Valley erstreckt sich in fast 10 000 km Länge vom Libanon bis nach Mozambique und ist berühmt wegen seiner Vulkane, Seen und Flamingos. Im zentralen Teil sind es zwei annähernd parallele Gräben, der westliche zentralafrikanische Graben mit dem Tanganjika- und Albertsee und der ostafrikanische Graben im Osten, der auch als „Gregory Rift" bezeichnet wird (Abb. 54).

Dieser Graben erreicht in Kenya und im nördlichen Tansania eine Breite von etwa 50 km. Wie die noch tätigen Vulkane (z. B. Oldoinyo Lengai, Suswa) beweisen, ist die Riftbildung noch nicht abgeschlossen. Auch die heißen Quellen, die große Mengen eines wasserlöslichen alkalischen Salzes, nämlich Natriumkarbonat (= Soda) enthalten und zahlreiche Seen am Rift Valley in alkalische Gewässer oder ätzende Sodaebenen (z. B. Natron-, Magadi- und Nakurusee) verwandeln, je nachdem, ob der See einen Abfluß hat oder nicht, bestätigen dies. Von der einstigen vulkanischen Tätigkeit zeugen heute nicht nur die riesigen Kraterkegel erloschener Vulkane, die sog. Calderas (z. B. Menengai, Longonot), sondern auch Lavadecken und vulkanische Tuffe.

Der zentrale ostafrikanische Graben wird von steilen, mehrere hundert Meter hohen Wänden begrenzt (Abb. 55). Der Graben selbst ist durch Absenkung entstanden. Er wird meist als Anfangsstadium jener Gräben angesehen, die als mittelozeanische Rücken mit dem zentralen Rift Valley riesige Dehnungsfugen darstellen. Da seine Entstehung jedoch schon im Miozän vor etwa 20 Millionen Jahren erfolgte, erscheint es fraglich, ob es sich hier tatsächlich um ein solches Anfangsstadium handelt. Wie dem auch sei, jedenfalls bildet die afrikanische Grabenbruchzone eine der markantesten Strukturen der Erdoberfläche, wie auch von den Astronauten bestätigt wurde.

Heute ist der im Norden Kenyas gelegene Rudolfsee mit einer Länge von 313 km der größte See der südlichen ostafrikanischen Grabenzone, der „Gregory Rift". Er ist umgeben von einer Wüstenlandschaft und wird im wesentlichen vom Omo, der vom Norden aus den äthiopischen Bergen kommt, gespeist. Dieser führt nicht nur Süßwasser zu, das die schwere Sodalösung überlagert, sondern auch Sand und Schlamm, der im Laufe von Jahrtausenden zur Verlandung des Rudolfsees führen wird.

136

Abb. 55. Der ostafrikanische Grabenbruch mit der Westwand der „Gregory Rift" in Tansania und dem Lake Manyara im Hintergrund. Rechts das Lake Manyara-Hotel. (Foto STEININGER)

In den Ufergebieten des Rudolfsees und auch weiter südlich im zentralen Kenya (z. B. Baringosee) und in Tansania (Natronbecken mit Olduvaischlucht) sind im Bereich des ostafrikanischen Grabens Schichten aufgeschlossen, die samt ihren Fossilien einen Einblick in die Geschichte dieses Teiles des ostafrikanischen Grabens geben. Sie sind nicht nur für den Paläolimnologen und Paläogeographen, sondern durch die Funde früher Menschen auch für die Menschheitsgeschichte von besonderer Bedeutung. Dank der Vegetationslosigkeit und der dadurch verstärkten Erosion sind ideale Bedingungen für den Fossilsammler gegeben. Vulkanische Ergüsse mit ihren Lavadecken gestatten überdies die absolute Altersdatierung der Fundschichten.

Die Grabensohle bildet gegenwärtig eine heiße, trockene Ebene, die als Überrest von Seen und Sümpfen, die hier zur Quartär- bzw. jüngsten Tertiärzeit ausgebildet waren, anzusehen ist. Die jüngsten Ablagerungen stammen aus den „Pluvialzeiten", wie die feuchten Perioden in den tropischen Gebieten genannt werden. Sie

enthalten Reste winziger Kieselalgen (Diatomeen), von Süßwasserschnecken und -muscheln, Krebsen *(Potamon),* von Süßwasserfischen (Büschelwelse, Karpfenartige und Buntbarsche), Schildkröten,
Krokodilen, Marabus, Straußen und Säugetieren, ferner Blätter,
Gräser und auch Lagen von Kalkalgen. Zwischendurch treten vulkanische Lagen (porphyritische Dolerite, Trachyte und Tuffe) sowie gelegentlich auch richtige Bodenbildungen (Paläoböden) auf,
die zeigen, daß nicht nur limnische und fluviatile, sondern auch
rein kontinentale Phasen ausgebildet waren.

Die zahlreichen Säugetiere lassen erkennen, daß außer den häufigen wasserbewohnenden Flußpferden auch Gazellen und Antilopen, Giraffen, Wildschweine, Nashörner, Wildpferde, Nagetiere,
Erdferkel, Schliefer und Elefanten, ferner Raubtiere (Schleichkatzen, Wildhunde, Hyänen, Honigdachs und katzenartige Raubtiere)
und Affen (Paviane) sowie Menschen (Australopithecinen und Ho-
mininae) die Umgebung der Seen und Flüsse bewohnten; eine
Landschaft, die von feuchten Galeriewäldern bis zur trockenen Savanne alle Lebensräume umfaßte. Diese Savannen waren vermutlich
auch der Lebensraum des damaligen Menschen, also sowohl der
Australopithecinen, die als Zweibeiner bereits Bodenbewohner waren, als auch „echter" Menschen, wie es für den Schädelfund No.
1470 aus der Koobi-Fora-Formation angenommen wird, dessen
Schädelkapazität an jene „moderner" Menschenformen heranreicht
und der nach dem Finder, dem Anthropologen RICHARD LEAKEY,
ein Alter von 2,8 Millionen Jahren besitzt. Auch Steinwerkzeuge
sind dort häufig nachgewiesen.

Das Wasser dieser Ablagerungen war entweder Süßwasser oder
nur schwach salzhaltig, wie die Muscheln, Diatomeen und Fische
zeigen. Die meisten Ablagerungen sind Überreste heute ausgetrock-
neter Seen. Doch zeigen auch die jetzigen Seen deutliche Schrump-
fungserscheinungen. So erreichte ihr Wasserspiegel im frühen Holozän, vor etwa 10 000 – 8 000 Jahren, einen letzten Höchststand,
der beim Rudolf-, Nakuru- und Naiwaschasee nicht nur mit einer
wesentlichen Vergrößerung, sondern auch mit einem Abfluß verbunden war. Der Wasserspiegel des Rudolfsees liegt heute rund
180 m unterhalb seines ursprünglichen Abflusses zum Nil. In dem
Maß, wie diese Seen zusammenschrumpfen, nimmt bei Fehlen eines
Abflusses ihr Gehalt an alkalischen Salzen zu.

Mit den feuchten Pluvialzeiten und den auch in anderen Gebieten stark vergrößerten Seen (z. B. Tschadsee) ist ein paläoklimatologisches Phänomen erwähnt worden, das mit der Entstehung von Kalt- bzw. Eiszeiten in Zusammenhang steht, denen das nächste Kapitel gewidmet ist.

IX. Eiszeiten und ihre vermutlichen Ursachen

Zu den am meisten diskutierten Problemen der Paläoklimatologie zählen die Ursachen von Eiszeiten. Was versteht man überhaupt unter Eiszeiten? Diese Frage ist durchaus berechtigt, herrschen doch auch gegenwärtig in Grönland und in der Antarktis Verhältnisse, die als eiszeitlich zu bezeichnen sind. Leben wir also gegenwärtig in einer Eiszeit?

Kryogene und akryogene Perioden

Da der Begriff Eiszeit bereits für erdgeschichtliche Epochen mit viel ausgedehnteren Vergletscherungen und richtigen Inlandeismassen vergeben ist, empfiehlt es sich, von kryogenen (nach kryos, gr. Eis) und akryogenen Perioden zu sprechen. Kryogene Epochen sind Zeiten mit zumindest einer Eiskappe im Polbereich und mehr oder weniger ausgedehnten Vergletscherungen außerhalb derselben. In akryogenen Perioden fehlen derartige Eiskappen. So konnten bisher keine Hinweise auf Vergletscherungen und ähnliche Erscheinungen für die Trias- und Jurazeit gefunden werden; es sind typische akryogene Perioden. Wir leben demnach gegenwärtig in einer kryogenen Periode, der eine Eiszeit, nämlich das Pleistozän, vorausging, von der bereits mehrfach die Rede war.

Während des Pleistozäns kam es zu einem mehrfachen Wechsel von Kalt- und Warmzeiten, wie unter anderem die warmzeitlichen Bodenbildungen im kaltzeitlichen Löß dokumentieren (vgl. Abb. 14). Diese Bodenbildungen sind von unterschiedlicher Mächtigkeit und Intensität der Färbung, was durch die verschiedene Dauer der Warmzeiten und der herrschenden Klimaverhältnisse (Temperatur und Feuchtigkeit) bedingt ist. Im Pleistozän unterscheidet man nicht nur Kaltzeiten (Glaziale) und Warm- oder Zwischeneiszeiten (Interglaziale; z. B. Stillfried-A-Bodenbildung), sondern auch noch sog. Interstadiale, die Wärmeschwankungen *innerhalb* einer Kaltzeit entsprechen (z. B. Stillfried-B-Bodenbildung). Es erscheint verständlich, daß die Unterscheidung von Interglazialen und Interstadialen nicht immer einfach ist. So steht nach wie vor zur Diskussion, ob wir uns gegenwärtig in einem Interglazial oder einem Interstadial befinden.

Präquartäre Eiszeiten

Das Pleistozän ist jedoch nicht die einzige erdgeschichtliche Eiszeit gewesen. Bereits im vorigen Jahrhundert konnten Spuren ausgedehnter Tieflandvergletscherungen in Form von Gletscherschliffen, Tilliten (fossile Moränen, also diagenetisch verfestigte Geschiebemergel) und geschrammten Geschieben in Vorderindien und in Südafrika nachgewiesen werden. Die Dwyka-Tillit-Serie Südafrikas (Abb. 56) erreicht im Süden eine Mächtigkeit von mehreren hundert Metern und nimmt nach Norden ab. Das weitab von den heutigen Gebirgsmassiven des Himalaya und seiner Randketten gelegene Talchir-„Konglomerat" Vorderindiens ist mit 30 m wesentlich weniger mächtig. Es liegt stellenweise auf geschrammtem Untergrund. Das Hauptvorkommen dieser Vereisung liegt im mittleren und östlichen Vorderindien und erstreckt sich über ein Gebiet von ungefähr 1 000 km Länge. Damit war der Nachweis erbracht, daß es keine Spuren lokaler Gebirgsgletscher waren, sondern Reste einer ausgedehnten Tieflandvergletscherung. Über den Tilliten folgen Ablagerungen der *Glossopteris*-Flora (vgl. Kap. V), ferner Sandsteine mit der Muschel *Eurydesma*, die auf ein Kaltwassermilieu hinweist (vgl. Abb. 69). Damit war das jungpaläozoische Alter dieser Vereisungsspuren erwiesen.

In Südafrika ist eine ähnliche Abfolge mit Tilliten, *Glossopteris*-Flora und *Eurydesma* feststellbar. Weitere Befunde, wie Bändertonschiefer als einstige Ablagerungen von Schmelzwasserseen, Rundhöcker als Gletscherschliffe und sogar Trogtäler, haben die ausgedehnte jungpaläozoische Vergletscherung bestätigt. In Südafrika lassen sich mehrere Eiszentren unterscheiden. Seitherige Untersuchungen haben zum Nachweis dieser permo-karbonischen Verei-

Abb. 56. Der Dwyka-Tillit von Gibeau, Südwestafrika, mit gekritzten Moränen-
blöcken als Beleg für die jungpaläozoische Vergletscherung des südlichen Afrika.
(Nach PETTIJOHN und POTTER, 1964)

sung auch in Australien, Südamerika, Madagaskar und in der Antarktis geführt und damit entsprechende Hinweise auf den einstigen Gondwanakontinent gegeben. Allerdings haben sich nicht
sämtliche als Tillite beschriebenen Ablagerungen als einstige Moränen erwiesen. Hinterlassen doch Rutschmassen oder auch ab-

schmelzende Eisberge am Meeresboden ähnliche Ablagerungen, weshalb man neutral von Tilloiden oder auch von Diamiktiten spricht.

Dies gilt vor allem für moränenähnliche Ablagerungen des Präkambriums. Da während dieser Zeit keine Pflanzendecke auf der Erdoberfläche existierte, entstanden durch Niederschläge gewaltige Schuttströme (Fanglomerate), die nach ihrer Zusammensetzung und Ausbildung nicht immer von eiszeitlichen Moränen zu unterscheiden sind, ganz abgesehen davon, daß eine exakte altersmäßige Gleichsetzung der von verschiedenen Kontinenten nachgewiesenen Ablagerungen nicht möglich ist. Günstiger ist die Situation für die eokambrische Vereisung, die aus zahlreichen Gebieten der Erde bekannt wurde und die durch Versteinerungen altersmäßig datiert ist. Sie werden vom fossilführenden älteren Kambrium überlagert. Ausgedehntere eokambrische Vereisungsspuren sind aus Grönland, Spitzbergen, Skandinavien, Schottland, China und Australien bekannt geworden.

In den letzten Jahren sind im Bereich der zentralen Sahara verbreitet Spuren entdeckt worden, die nach RH. FAIRBRIDGE auf eine einstige großflächige Vereisung hinweisen. Es liegen ausgedehnte geschrammte Gesteinsfluren, gekritzte Geschiebe und Tillite vor. Nach den ordovizischen Trilobitenfaunen in Gesteinen im Liegenden und den Silur-Graptolithen im Hangenden läßt sich diese Vereisung altersmäßig in das jüngere Ordovizium bzw. ältere Silur einstufen. Damit ist erstmalig der Nachweis einer ausgedehnten Vereisung im Altpaläozoikum gelungen. Die Deutung als Eiszeitspuren wurde zwar verschiedentlich angezweifelt, da sonstige typisch glaziale Erscheinungen fehlen (z. B. Bändertone), und über dem geschrammten Untergrund direkt die marinen Graptolithenschiefer liegen. Die Schrammen dürften z. T. auf submarines Schelfeis im epikontinentalen Bereich zurückzuführen sein, und die überlagernden marinen Sedimente können durch isostatisch bedingte Absenkung unter den Meeresspiegel und der damit verbundenen Abschmelzung bedingt sein. Eiszeitliche Ablagerungen sind auch aus dem Silur von Bolivien und Argentinien bekannt geworden.

Vereisungsspuren sind in den letzten Jahren jedoch auch aus dem Jungtertiär beschrieben worden. So konnten jungtertiäre Tillite aus Südalaska (Wrangell-Gebirge), Island und der Antarktis ebenso nachgewiesen werden wie Kaltwasser-Planktonforaminiferen (z. B. *Globigerina pachyderma*) in jungmiozänen Bohrkernen des nördlichen Pazifiks. Da Inlandvereisungen zu eustatisch bedingten Meeresspiegelabsenkungen führen, könnte eine ausgedehnte Vergletscherung der Antarktis im Jungmiozän mit der Austrocknung des Mittelmeeres im Jungmiozän (Messinian) vor etwa 5 – 6 Millionen Jahren in ursächlichem Zusammenhang stehen (vgl. Kap. VII).

Zu diesen Befunden kommen noch unzählige Daten zu den pleistozänen Kaltzeiten selbst, die sowohl aus dem kontinentalen Bereich als auch aus den Ozeanen stammen (Abb. 57 u. 58). Planktonforaminiferen und andere marine Schweborganismen spielen dabei als Temperaturindikatoren ebenso eine Rolle, wie Schwankungen des Kalkgehaltes, die Ausbildung der Oberfläche der

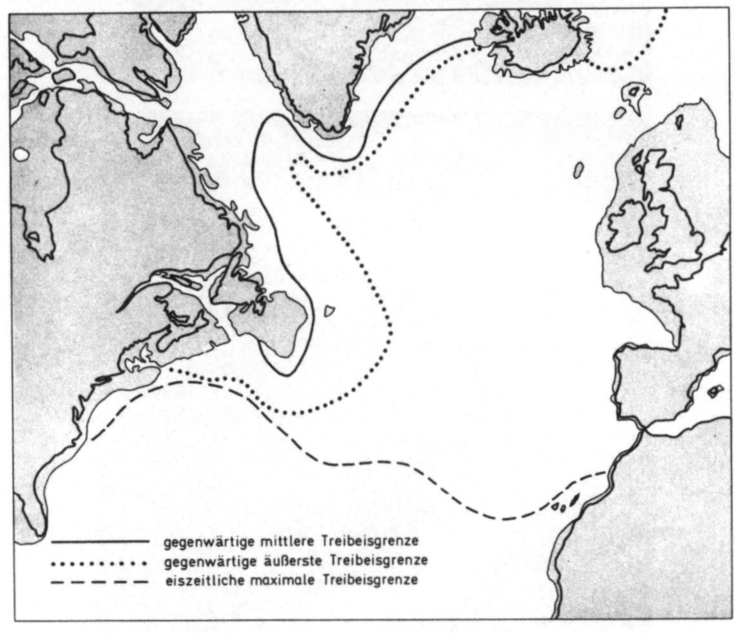

Abb. 57. Gegenwärtige und vermutliche eiszeitliche Treibeisgrenze im Nordatlantik nach glazialmarinen Ablagerungen des Pleistozäns. Grauton entspricht den Kontinenten samt Schelfbereich. (Nach SEIBOLD, 1974, verändert umgezeichnet)

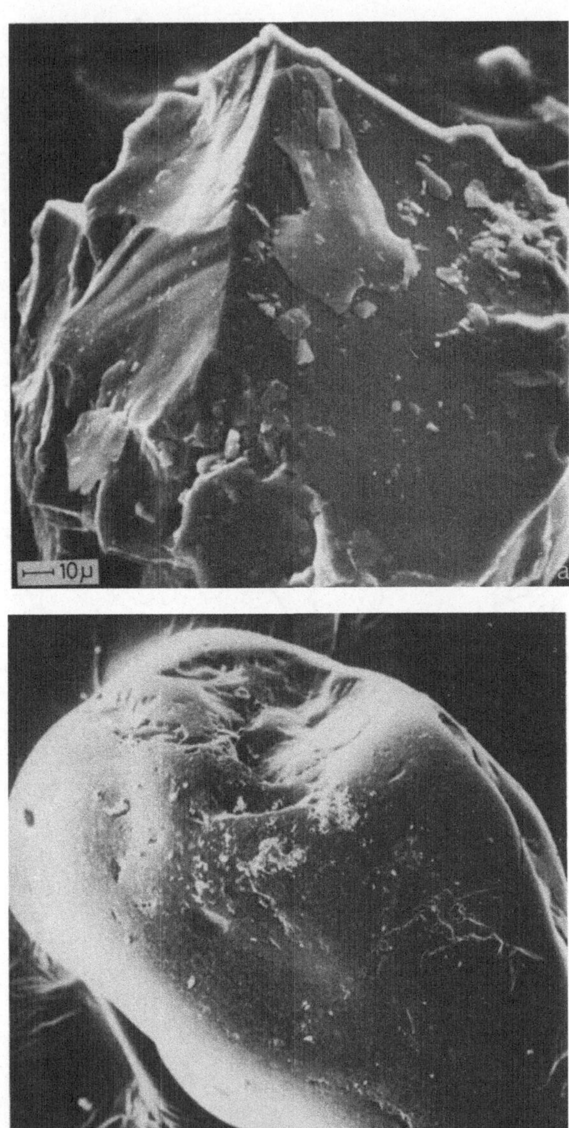

Abb. 58 Quarzkörner im Raster-Elektronenmikroskop. *Oben:* aus glazialem Milieu; *unten:* aus einem Küstensediment. (Nach REINECK und SINGH, 1975)

144

Quarzkörner und die bereits erwähnte Paläotemperaturmethode. Letztere wird nicht nur anhand von Gehäusen von Planktonforaminiferen angewandt, sondern auch bei den in den letzten Jahren durchgeführten Tiefbohrungen im Inlandeis von Grönland (Camp Century mit 1 400 m Tiefe) und der Antarktis, über die W. DANS-GAARD und Mitarbeiter berichteten. Die Auswertung der Bohrkerne erfolgt nach einem berechneten Fließmodell des Inlandeises, das die jahreszeitliche Schichtung berücksichtigt und damit absolute Altersdaten liefert. Die Paläotemperaturkurve für das Grönlandeis erfaßt ungefähr die letzten 120 000 Jahre und entspricht damit dem Jungpleistozän und dem Holozän (Abb. 59). Diese Kurve zeigt den durch Wärmeschwankungen (Amersfoort, Brörup) markierten Beginn der letzten Kaltzeit (Würmzeit in den Alpen, Weichselzeit im nördlichen Mitteleuropa und „Wisconsin-Glacial" in Nordamerika) vor etwa 70 000 Jahren. Dieses Frühwürm wird durch ein Interstadial (Stillfried-B-Hengelo) vom eigentlichen Hauptwürm (32 000 bis etwa 15 000 Jahre) getrennt. Vor 12 000 Jahren setzte eine plötzliche Erwärmung ein, die zum raschen Rückgang der Gletscher und damit zur Nacheiszeit führte. Wesentlich ist, daß die klimatischen *Groß*ereignisse in Grönland und der Antarktis übereinstimmen, jedoch deutliche Unterschiede in den kleinen Schwankungen vorhanden sind.

Bei der Beurteilung der Ursachen der Kaltzeiten ist demnach zwischen lang- und kurzfristigen Erscheinungen zu unterscheiden, indem einerseits kryogene und akryogene Perioden, andererseits Kalt- und Warmzeiten innerhalb einer kryogenen Epoche wechselten.

Eiszeithypothesen

Seit der Erkenntnis, daß es Eiszeiten gegeben hat, waren Naturwissenschaftler bemüht, deren Ursachen zu ergründen. Mehr als 50 Hypothesen und Theorien legen Zeugnis ab von den Versuchen, dieses Phänomen zu erklären. Dennoch ist bis heute keine Theorie oder Hypothese allgemein anerkannt, da keine sämtliche Erscheinungen zu erklären vermag.

Bilden kryogene Perioden die Ausnahme bzw. ist eine Periodizität feststellbar? Solange nur die eokambrische, die jungpaläozoische und die pleistozäne Eiszeit bekannt waren, schien eine periodi-

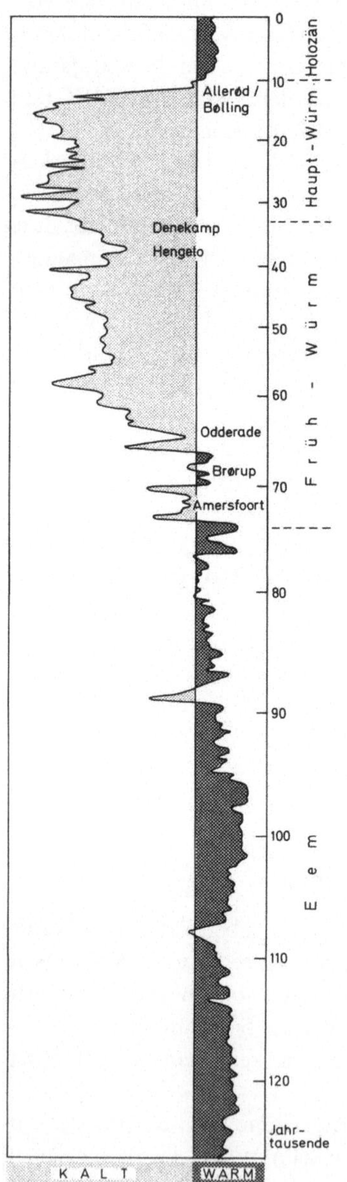

Abb. 59. Die Paläotemperaturkurve nach der Tiefbohrung im Inlandeis von Camp Century, Grönland, und die mögliche Parallelisierung mit der Eem- oder Riß-Würm-Warmzeit (=Stillfried-A), mit dem Frühwürm samt Interstadialen und dem Hauptwürm. (Nach DANSGAARD et al., aus THENIUS, 1974, verändert umgezeichnet)

sche Wiederholung in Abständen von etwa 275 Millionen Jahren gegeben. Der Nachweis altpaläozoischer und jungtertiärer Eiszeiten widerlegt dies. Die Voraussetzung für das Entstehen von Eiszeiten bilden außer der Sonne zweifellos Hydrosphäre und Atmosphäre. Fehlt letztere, so ist kein Wettergeschehen und damit auch keine Eiszeit möglich. Bereits dadurch ist angedeutet, daß eine gewisse Mindestgröße des Planeten gegeben sein muß, andernfalls reicht die Gravitation nicht aus, um die gasförmige Hülle zu halten.

Damit wollen wir uns den Eiszeithypothesen zuwenden. Grundsätzlich lassen sich diese nach folgenden Gesichtspunkten gliedern:

1. Extraterrestrische Ursachen,
2. Änderung der Erdbahnelemente,
3. Terrestrische Ursachen.

Kombinationen sind selbstverständlich nicht ausgeschlossen.

Außerirdische Ursachen

Hypothesen, die außerirdische Ursachen zur Erklärung von Eiszeiten heranziehen, wurden bereits frühzeitig vertreten. Dachte man einst an eine langsame Abkühlung der Sonne und damit an eine Verringerung der Sonneneinstrahlung im Laufe der Erdgeschichte, so waren es später hauptsächlich die Sonnenflecken, denen ein ähnlicher Effekt zugeschrieben wurde.

Wie bereits G. C. SIMPSON mit seiner Solarhypothese gezeigt hat, ist jedoch die Wechselwirkung verminderter Sonneneinstrahlung = Eiszeit, erhöhte Sonneneinstrahlung = Warmzeit, keineswegs so einfach, da bei zunehmender Strahlung Temperatur- und Niederschlagskurve zwar steigen, nicht jedoch die Schneefallkurve.

Abgesehen von derartigen Veränderungen der Solarkonstanten wird noch interstellare Materie („Dunkelwolken", kosmischer Staub) als Ursache von Eiszeiten angesehen, dies vor allem solange die angebliche Periodizität der Eiszeiten galt. Extraterrestrische Faktoren dürften jedoch kaum eine Rolle bei der Entstehung von Eiszeiten spielen.

Änderungen der Erdbahnelemente

Ähnliches gilt auch für die Veränderungen der Erdbahnelemente. Der kroatische Astronom MILUTIN MILANKOVITCH berechnete in den zwanziger Jahren unseres Jahrhunderts aufgrund der periodischen Erdbahnveränderungen (Umlauf des Perihels, wechselnde Exzentrizität der Erdbahn und Schiefe der Ekliptik) seine „Strahlungskurve", die seither vielfach Zustimmung auch durch Geologen erfahren hat. Es war vor allem der deutsche Geologe und Paläontologe W. SOERGEL aus Freiburg/Br., der die Milankovitch-Kurve als Vereisungskurve interpretierte und damit auch erstmalig absolute Alterswerte für die Dauer der pleistozänen Kalt- und Warmzeiten zu geben vermeinte. Abgesehen davon, daß Schwankungen der Erdbahnelemente auch für präquartäre Perioden anzunehmen sind und auf der Nord- und Südhemisphäre die Auswirkungen alternieren müßten, haben Berechnungen anderer Astronomen zu völlig anderen Alterswerten geführt. Daher billigt man derartigen Veränderungen heute bestenfalls eine zusätzliche Wirkung bei der Entstehung von Eiszeiten zu.

Terrestrische Ursachen

Sind Änderungen der Atmosphäre ausreichend? Die bekannteste Hypothese ist wohl die CO_2- oder Kohlendioxid-Hypothese, deren Begründung der schwedische Physiker SVANTE ARRHENIUS gab. Im Prinzip beruht diese Hypothese darauf, daß ein hoher Kohlendioxidgehalt der Atmosphäre mehr Sonneneinstrahlung durchläßt, gleichzeitig jedoch mehr von der Strahlung, die die Erdoberfläche reflektiert, absorbiert. Das führt zum sog. Glashaus-Effekt. Warmzeiten würden daher mit Zeiten starker vulkanischer Aktivität gleichzusetzen sein. Diese kann allerdings durch vulkanischen Staub zum gegenteiligen Ergebnis führen, nämlich zu einer Schwankung der Sonneneinstrahlung. Ähnliches gilt auch für eine verstärkte Wolkenbildung, die zwar die Albedowirkung, also Reflexion der Sonnenstrahlung erhöhen, doch verhindern Wolken auch die Ausstrahlung der Erde.

Die übrigen Hypothesen, die terrestrische Ursachen annehmen, lassen sich als Relief-Hypothesen bezeichnen. Es ist bekannt, daß bereits die Verteilung von Land und Meer nicht nur Meeresströmungen, sondern auch das Klima zu beeinflussen vermag (z. B. Golfstrom, Humboldtstrom). Nicht minder wichtig sind Zusammenhänge zwischen Gebirgen und dem Klima. So erscheint es verständlich, daß die Eiszeiten mit Zeiten verstärkter Gebirgsbildung in Zusammenhang gebracht wurden, so etwa, daß die kaledonische zur alt-, die variszische zur jungpaläozoischen und die alpidische Orogenese zur pleistozänen Eiszeit geführt hätte. Zweifellos eine bestechende Idee, doch stimmen die Einzelheiten nicht, abgesehen davon, daß dadurch nicht die Entstehung der großen Eisschilde im Polbereich erklärt werden kann (Abb. 60).

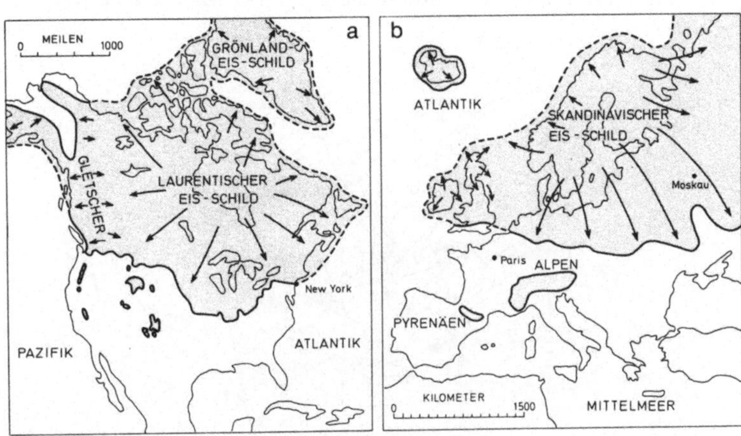

Abb. 60 a u. b. Die maximale Ausdehnung der Eisschilde in Nordamerika und Europa während der Eiszeit (Riß- oder Saale-Eiszeit bzw. Illinoian- oder Kansan-Glacial). (Nach verschiedenen Autoren umgezeichnet)

Auch in dieser Hinsicht haben die neuen paläogeographischen Erkenntnisse, die letztlich die Kontinentalverschiebung bestätigen, einen wesentlichen Fortschritt gebracht. Und zwar sind es nicht – wie verschiedentlich angenommen – Polwanderungen, sondern es ist die Kontinentaldrift, der hier grundsätzliche Bedeutung zukommt.

Paläogeographie und Eiszeiten

Ausgehend von der Erkenntnis, daß mächtige Inlandeisschilde sich nur auf dem Festland, niemals jedoch im offenen Meer bilden können, besagt die von RH. FAIRBRIDGE begründete Polar-Koinzidenz-Theorie, daß bei Eiszeiten zumindest ein Kontinent im Polbereich liegen muß. Die Fahrten der US-Atomunterseeboote im arktischen Ozean zeigten, daß das Packeis selbst im Bereich des Nordpols eine durchschnittliche Mächtigkeit von nur 3 m aufweist und lediglich stellenweise durch driftende Eisberge oder wind- bzw. strömungsbedingten Aufstau eine größere Dicke erreicht.

Da die Pole (Pazifik- und Gondwanapol) während des Erdmittelalters (Trias- bis Kreidezeit) im offenen Ozean lagen, wird das akryogene Klima im Mesozoikum verständlich. Nur in der jüngsten Kreidezeit scheint es durch die „Wanderung" des Pazifikpols

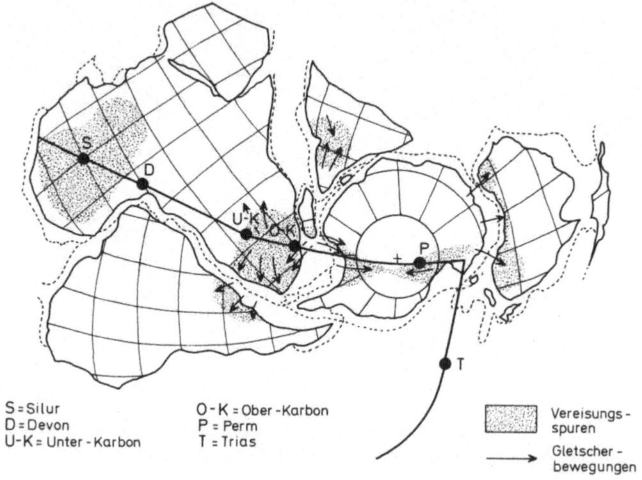

Abb. 61. Der Gondwanakontinent und der Wanderweg des Gondwanapols vom Silur bis zur Triaszeit. Beachte Knick des Polwanderweges zur Perm-Trias-Übergangszeit und Übergang vom Festland ins Meer. (Nach McElhinny, 1973, verändert umgezeichnet)

in den arktischen Ozean zu einer vorübergehenden Abkühlung gekommen zu sein. Während des Paläozoikums lag der „Nord"- oder Pazifikpol stets im offenen Pazifik, der „Süd"- oder Gondwanapol hingegen auf dem Gondwanakontinent, um sich von Nordafrika über Zentralafrika nach Südafrika und schließlich auf die Antarktis zu verlagern (Abb. 61). An der Perm-Trias-Wende „wanderte" der Gondwanapol ins offene Meer ab, und die Eiskappe auf der Südhemisphäre schmolz ab. Diese „Polwanderungen" sind durch die Kontinentaldrift vorgetäuscht. Daß nicht ständig Inlandeisschilde im damaligen Polbereich auf dem Gondwanakontinent vorhanden waren, erklärt sich durch die zeitweise Existenz von epikontinentalen Meeren, die eine Eiskappenbildung verhinderten.

Weiterhin kommt hinzu, daß außer einer Landmasse in einem Polbereich Meere als Feuchtigkeitsspender vorhanden sein müssen. Zu diesen Voraussetzungen treten als weitere Faktoren isostatisch bedingte Senkungen und Hebungen, die Albedo-Wirkung sowie auch Erdbahnschwankungen, die eine Verstärkung bzw. Abschwächung der jeweiligen Vorgänge bewirken können. An der Entstehung des antarktischen Eisschildes ist die zirkumantarktische Meeresströmung, welche die Feuchtigkeit und auch die Abkühlung verstärkte, wesentlich beteiligt. Die Abtrennung Australiens erfolgte nach den paläomagnetischen Daten im Eozän, die Öffnung der Drake-Passage zwischen Südamerika und der Westantarktis eher später. Eine regionale Diskordanz oligozänen Alters in den Meeresbodenprofilen läßt vermuten, daß die zirkumantarktische Strömung erst im Oligozän einsetzte. Dieser Wechsel führte zu Veränderungen in den Meeressedimenten und der Fauna und bedeutete zugleich den Beginn des modernen Klimaregimes. Planktonforaminiferen sprechen für den Beginn dieser Strömung im älteren Oberoligozän. Wie jedoch die alttertiären Floren zeigen, war die Antarktis noch nicht vereist. Erst während des Miozäns begann sich ein Eisschild zu bilden, der im Jungmiozän ein erstes Maximum erreichte.

Lassen sich durch die oben angeführten Faktoren auch die für das Pleistozän festgestellten Klimaschwankungen erklären? Der mehrfache Wechsel von Warm- und Kaltzeiten ist zweifellos auf autozyklische, also selbstgesteuerte Vorgänge zurückzuführen. Fraglich ist jedoch, ob der „Motor" für diese Ereignisse in der Arktis oder in der Antarktis zu suchen ist. Während EWING und DONN die besondere morphologische Situation des arktischen Ozeans und den Golfstrom als Ursache ansehen, ist nach der Eiszeithypothese von A. T. WILSON und J. T. HOLLIN die Antarktis ausschlaggebend, indem es zu einer rhythmischen Zu- und Abnahme des antarktischen Inlandeises gekommen sein soll. Wird das Eis zu mächtig, so kommt es zum plötzlichen Ausfließen in „Wogen"form (daher „surging"-Theorie), und gewaltige Eismassen schieben sich bis zur antarktischen Konvergenz vor (Abb. 62). Diese liegt gegenwärtig etwa beim 50. südlichen Breitengrad und bildet die Grenze zwi-

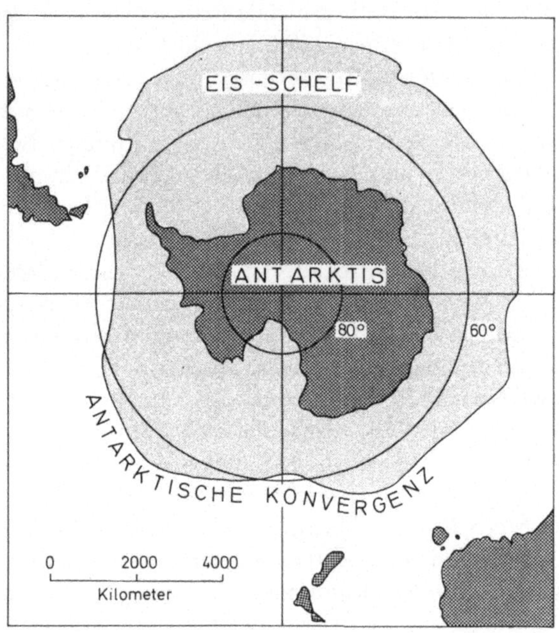

Abb. 62. Die Antarktis und die Surging-Theorie von A. TUZO WILSON. Nach Höhepunkt der Vergletscherung plötzliches Ausfließen der Eismassen bis zur antarktischen Konvergenz. Dadurch Kaltzeiten auch auf der nördlichen Hemisphäre auslösend. (Nach WILSON, 1964, verändert umgezeichnet)

schen dem $8-10°$ C warmen Ozeanwasser und dem wesentlich kälteren zirkumantarktischen Meerwasser. Die erhöhte Albedowirkung sowie die kühlen Meeresströmungen führen nach WILSON zur Herabsetzung der irdischen Gesamttemperatur und damit zur Vereisung der Nordhalbkugel. Da durch die Vergrößerung des Eisschildes der Nachschub verringert wird bzw. überhaupt aufhört, wird der Eisschelf durch Kalbung abgebaut, die Albedo reduziert und die Gesamttemperatur der Erde wieder erhöht, d. h. ein Interglazial beginnt. Voraussetzung für dieses Wechselspiel ist die symmetrische Lage des antarktischen Kontinentes zum Pol, wie sie gegenwärtig tatsächlich gegeben ist. Die „Drift" der Antarktis in den Polbereich erfolgte jedoch schon zur älteren Tertiärzeit und die symmetrische Lage war bereits im Jungtertiär erreicht.

Eher scheinen für den mehrfachen Wechsel von Kalt- und Warmzeiten im Pleistozän isostatisch bedingte Senkungen und Hebungen durch die wachsenden bzw. abschmelzenden Eisschilde verantwortlich zu sein. Dies würde auch eher mit der absoluten Dauer dieser Klimaphasen übereinstimmen.

Sind demnach noch zahlreiche Einzelfragen offen, so reichen allein die Kontinentalverschiebungen aus, um den Wechsel von akryogenen und kryogenen Perioden zu erklären.

X. Gebirgsbildungen und Plattentektonik

Einstige Ansichten

Gebirgsbildungen oder Orogenesen und ihre Ursachen haben die Geologen seit altersher beschäftigt. Von den zahlreichen Theorien und Hypothesen seien nur einige erwähnt. So etwa der Vergleich der Erde mit einem schrumpfenden Apfel, dessen Haut dabei in Falten gelegt wird, eine Vorstellung, die erstmals von ELIE DE BEAUMONT im Jahre 1829 vertreten wurde und im späten 19. Jahrhundert und auch noch in unserem Jahrhundert viele Anhänger unter den Alpengeologen fand, wie etwa EDUARD SUESS und LEOPOLD KOBER, weiterhin die Hypothese von F. B. TAYLOR, der die Anziehungskraft des Mondes für die Kontinentaldrift und damit letztlich für die alpidische Gebirgsbildung verantwortlich machte (vgl. Kap. V).

Wie zuletzt aus dem vorhergehenden Kapitel hervorging, sind aus dem Phanerozoikum, wie man die Zeit vom Eokambrium bis zur Gegenwart bezeichnet, mindestens drei Orogenesen bekannt geworden, die vor allem auf der „Nord"hemisphäre zur Entstehung von Gebirgsketten und -massiven führten.

Haben die bisherigen Theorien zu keiner allgemein befriedigenden Erklärung geführt, so sind mit den Konzepten des im Kap. V ausführlich besprochenen „sea-floor spreading" und der Plattentektonik Vorstellungen entwickelt worden, denen weltweite Gültigkeit zukommt. Sie machen überdies die wiederholte Entstehung von Gebirgsbildungen verständlich, wenn auch über die eigentlichen Triebkräfte (Konvektionsströmungen im Erdmantel bzw. absinkende Ozeanplatten) noch keine Einhelligkeit besteht. Die Plattentektonik ist eine Arbeitshypothese, die nicht nur zahlreiche, bisher nicht verständliche Vorgänge erklärt, sondern das Gesamtgeschehen durch ein einfaches Konzept verständlich macht, weshalb man auch von einer globalen Tektonik spricht. Wenn sich gegenwärtig zwar manche Einzelbefunde nicht oder nur schwer damit in Einklang bringen lassen, so ist doch das generelle Bild derart zwingend, daß es wesentlich vernünftiger ist, es zu akzeptieren, als es unbeachtet zu lassen.

Die alpidische Gebirgsbildung

Wie bereits mehrfach erwähnt, ist die alpidische Gebirgsbildung, die zur Entstehung der heutigen Hochgebirge geführt hat, die erdgeschichtlich jüngste Orogenese. Sie ist auch gegenwärtig noch nicht abgeschlossen und steht mit der Bildung der heutigen Ozeane in direktem Zusammenhang. Die alpidischen Gebirgsketten lassen sich von den Pyrenäen und den Betischen Ketten der Iberischen Halbinsel sowie dem Atlas in Nordafrika durch ganz Europa über Vorderasien, Persien, den Hindukusch und den Pamir bis zum Himalaya und von dort bogenförmig über Südostasien nach Japan und Kamtschatka einerseits, nach Neuguinea und Neuseeland andererseits verfolgen. In der Neuen Welt ist es der zirkumpazifische Kettengebirgsgürtel mit der Kordillerenregion des westlichen Nordamerikas einerseits und der andinen Region Südamerikas mit den Anden andererseits, die sich über die Inselbögen der Kleinen und Großen Antillen nach Norden und dem Inselbogen der Südantillen (Südgeorgien, Süd-Sandwich-, Orkney- und Shetlandinseln) nach Süden zur westantarktischen Halbinsel des antarktischen Kontinentes fortsetzt.

Alle diese Gebirgsketten liegen an Plattenrändern und -grenzen, auch wenn darüber, wie etwa in Mittel- und Südeuropa, infolge des komplexen Geschehens im einzelnen noch diskutiert wird. An diesem Geschehen sind ozeanische und kontinentale Platten beteiligt (vgl. Kap. V).

Der Beginn der alpidischen Orogenese fällt in die Jurazeit, was mit der Entstehung der heutigen Ozeane in Einklang steht. In Eu-

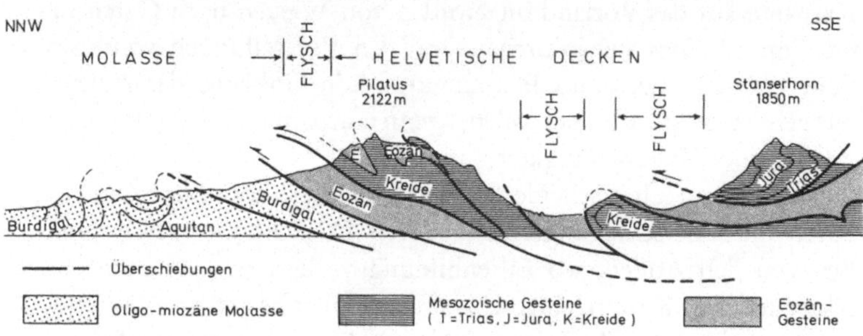

Abb. 63. Der Pilatus (2122 m) südlich von Luzern (Schweiz) als Beispiel für die Verfaltung und Hebung von Gesteinen durch die alpidische Orogenese. *Oben:* Nach einem Luftbild umgezeichnet. *Unten:* Geologisches Profil nach HEIM, 1920, verändert umgezeichnet. Beachte Überschiebung der Helvetischen Decken auf die Molassezone

ropa kam es besonders zur Kreidezeit zu gebirgsbildenden „Phasen", die zur Deckenbildung und Überschiebung ganzer Gesteinskomplexe geführt haben (Abb. 63), von denen bereits im Kap. IV (Flysch, Gosau-Schichten und Ophiolithe) die Rede war. Deckenbildung und Überschiebungen in den Alpen hängen mit der Öffnung des Südatlantiks und den damit in Zusammenhang stehenden Bewegungen des afrikanischen Kontinentes zusammen. Die afrikanische Platte drängt gegen die „eurasiatische" Platte, eine Auffassung, die im Prinzip von den bekannten Schweizer Alpengeologen E. ARGAND, R. STAUB und A. HEIM schon vor Jahrzehnten vertreten worden war.

Weitere, von den Geologen als gebirgsbildende Phasen bezeichnete Vorgänge machen sich dann wieder im Alttertiär bemerkbar. Sie fallen zwar zeitlich mit der Öffnung des nördlichsten Atlantiks zusammen, doch dürften dafür eher Änderungen im Drehungssinn des afrikanischen Kontinentes ausschlaggebend gewesen sein. Die Hebungen im jüngsten Känozoikum sind auf das weitere Heranschieben der afrikanischen Platte bzw. der absinkenden Ozeanplatte des Mittelmeeres zurückzuführen. Allerdings, und dies bestätigt das altersmäßig genau datierte gebirgsbildende Geschehen, sind die einzelnen „Phasen" keineswegs immer gleichzeitig eingetreten, sondern verteilen sich speziell bei großen Entfernungen über eine größere Zeitspanne. So wird etwa die Überschiebung der Alpen und Karpaten auf das Vorland im Norden von Westen nach Osten immer jünger. Dies steht durchaus mit den Vorstellungen vom „seafloor spreading" bzw. der Plattentektonik in Einklang, deren Bewegungen ständig erfolgen sollen, wenn auch manchmal mit etwas wechselnder Geschwindigkeit.

Die Alpen unterscheiden sich durch ihren komplizierten Bau, durch die Überschiebungen und durch Deckenbildungen wesentlich von den Anden, wo Faltenbildung vorherrscht, die zum charakteristischen Kettengebirgscharakter geführt hat.

Das „klassische" Beispiel für weiträumige Überschiebungen und damit für tektonische Deckenbildung in den Alpen bilden die Mythen am Vierwaldstätter See in der Schweiz (Abb. 64). Ursprünglich wurden die beiden steilen Gipfel (Kleiner und Großer Mythen) als Klippen, d. h. als Jura- und Kreide-Inselberge im einstigen Flyschmeer gedeutet; nach der heutigen Auffassung sind es Erosionsreste einer einst einheitlichen tektonischen Decke, die über erdgeschichtlich jüngere, und zwar alttertiäre Flyschablagerungen überschoben wurde. Die Mythen sind ortsfremde, also allochthone Elemente.

156

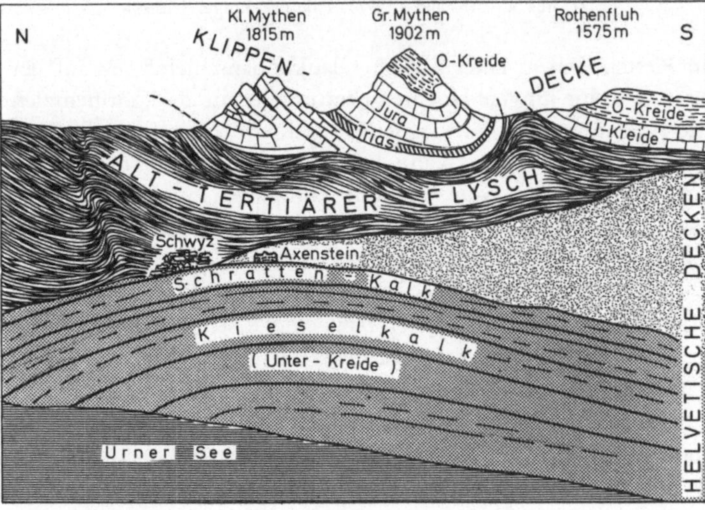

Abb. 64. Die Mythen am Vierwaldstättersee in der Schweiz. Klassisches Beispiel einer Überschiebung und Deckenbildung durch die alpidische Gebirgsbildung, indem Trias-, Jura- und Kreidegesteine auf alttertiäre Flyschsedimente überschoben wurden. (Nach einer Ansichtskarte (*oben*) und Profilen von HEIM, 1920 (*unten*) umgezeichnet)

Kordilleren- und Himalaya-Typ

Wie erklären sich die Unterschiede im Bau der Anden gegenüber den Alpen bzw. dem Himalaya? Wie bereits im Kap. V erwähnt, kommt es je nach Art der Plattenkollision zu unterschiedlichen Gebirgstypen. J. F. DEWEY und J. M. BIRD unterscheiden zwei Grundtypen der Gebirgsbildung. Der Kordilleren-Typ soll durch Subduktion einer ozeanischen Platte unter eine kontinentale Platte entstehen (Abb. 65). Er ist vor allem durch *thermische* Kräfte bedingt und bildet sich über dem Rand der abtauchenden Platte. Er ist weiterhin gekennzeichnet durch paarig ausgebildete metamor-

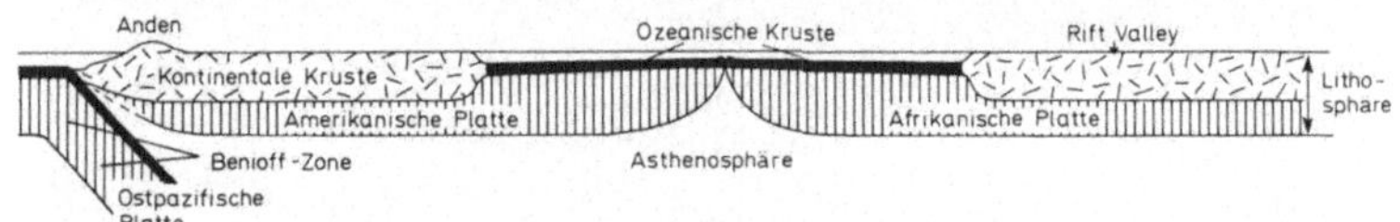

Abb. 65. Der Kordilleren-Typ der Gebirgsbildung am Beispiel der Anden. Subduktion der pazifischen Platte unter eine kontinentale (Schema). (Nach DEWEY und BIRD, aus SCHÖNENBERG, 1975, verändert umgezeichnet)

phe Ketten, indem einer älteren Glaukophanschieferzone auf der Ozeanseite eine jüngere Hochtemperaturzone auf der kontinentalen Seite gegenübersteht. Für derartige Subduktionszonen ist das Vorkommen von Schuppen ozeanischer Kruste und abgerissenem Mantelmaterial in Form von Ophiolithkomplexen aus Hornsteinen, Kissen-Laven, basischen Gesteinen, Gabbro und Peridotiten in sog. Melange-Zonen typisch.

Der zweite Grundtyp, der Himalaya-Typ, resultiert aus der Kollision zweier Kontinentalplatten bzw. einer solchen zwischen Kontinent und Inselbogen und ist hauptsächlich durch *mechanische* Kräfte bedingt (Abb. 66). Hier herrscht *eine* tektonische Transportrichtung vor. Die Schwerkraftgleitungen sind jünger als die eigentlichen Überschiebungen, beim Kordilleren-Typ ist es umgekehrt. Die metamorphen Paragenesen gehören der niedrigtemperierten Glaukophanschieferfazies an.

Oft kommt es jedoch zu einem komplizierten Zusammenspiel dieser Mechanismen, wie es etwa für die Alpen zutrifft, indem außerdem „Mikrokontinente" und vulkanische Inselbögen am Geschehen beteiligt sind.

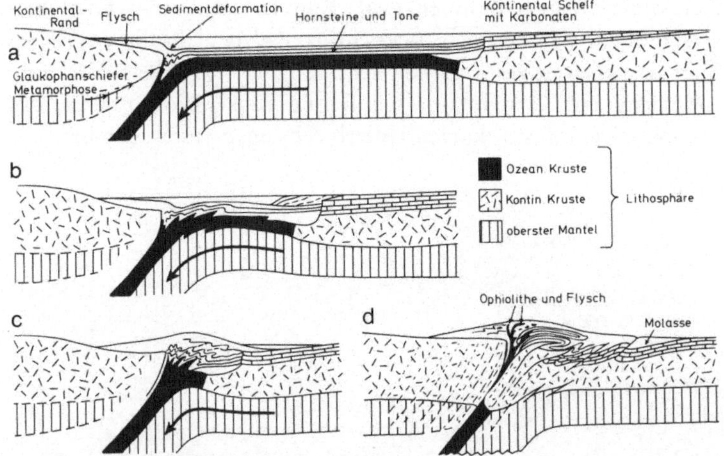

Abb. 66 a – d. Der Himalaya-Typ der Gebirgsbildung. Zusammenstoß zweier kontinentaler Platten unter Subduktion einer ozeanischen Platte mit Aufpressung ophiolithischer Gesteine (Schemata). (Nach DEWEY und BIRD, aus SCHÖNENBERG, 1975)

XI. Floren- und Faunenprovinzen einst und jetzt

Die gegenwärtigen Faunen- und Florenregionen

Die heutigen Floren- und Faunenprovinzen sind das Ergebnis einer meist langen historischen Entwicklung. Erdgeschichtlich gesehen sind sie nur ein Augenblicksbild. Zahl und Abgrenzung der biogeographischen Regionen sind seit der ersten Gliederung durch die Zoologen P. L. SCLATER und A. R. WALLACE in den Jahren 1858 und 1860 modifiziert worden. Wurden ursprünglich sechs gleichwertige Faunenregionen (Paläarktis, Nearktis, Neotropis, Äthiopis, Orientalis und Australis) unterschieden, so sind es — wenn man von der Antarktis absieht — gegenwärtig meist nur vier (Holarktis, Paläotropis, Neotropis und Australis), da sich gezeigt hat, daß die Faunen und Floren der außertropischen Gebiete der nördlichen Hemisphäre aufgrund ihrer starken Affinitäten zu einer ge-

meinsamen Region gehören (vgl. Kap. III; Abb. 67). Dies wird
verständlich, wenn man berücksichtigt, daß der nördliche Teil des
Nordatlantiks erdgeschichtlich sehr jung ist (vgl. Kap. VI), und
außerdem im Känozoikum die Beringbrücke Nordostasien mit
Nordamerika mit nur kurzen Unterbrechungen verbunden hat.

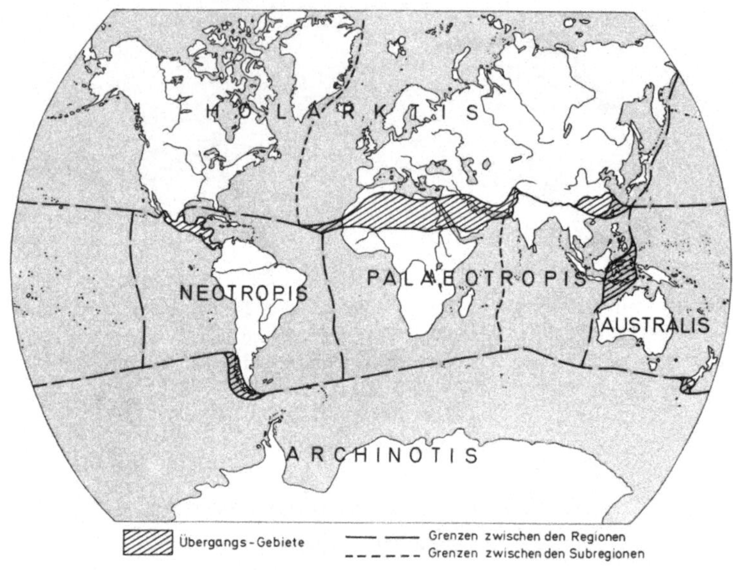

Abb. 67. Die gegenwärtigen tiergeographischen Regionen. Mittelamerika, Nordafrika, Südchina, Wallacea und das südliche Chile als Übergangsgebiete. (Nach Müller, 1974, verändert umgezeichnet)

Die Faunen und Floren Südasiens und Afrikas südlich der Sahara zeigen dank des noch im Jungtertiär möglichen Austausches viele Ähnlichkeiten und Gemeinsamkeiten, die eine gemeinsame Region (Paläotropis) rechtfertigen. Australien und Südamerika besitzen faunistisch und auch floristisch durch die lange Isolation eine
Eigenständigkeit. Die Nordgrenze der neotropischen Region hat
sich erst im Quartär bis nach Mexiko verschoben. Die Zahl und
Abgrenzung der gegenwärtigen floristischen Regionen weicht in einigen Punkten wesentlich von jenen der Faunenregionen ab. Zu-
sätzlich wird das Kapland als eigene Florenregion (Capensis) abge-

160

trennt. Weiters wird das südlichste andine Südamerika zur Antarktis (=Archinotis) gerechnet, und schließlich werden Neuguinea und Neukaledonien, die faunistisch zur australischen Region gezählt werden, aufgrund der floristischen Übereinstimmung als Teil der Paläotropis angesehen. Letzteres ergibt sich aus den unterschiedlichen Ausbreitungsmöglichkeiten von Landpflanzen und Landsäugetieren (vgl. Kap. III).

Eine biogeographische Gliederung der marinen Bereiche ist wesentlich schwieriger, schon deshalb, weil im offenen Meer hauptsächlich Klimazonen Verbreitungsbarrieren bilden, und die zirkumtropischen Warmwasserfaunen eine relativ homogene Zusammensetzung zeigen. Sie spiegeln lediglich etwas die paläogeographische Entwicklung wider, indem nach SVEN EKMAN der Indo-West-Pazifik und der Atlanto-Ost-Pazifik als Hauptregionen unterschieden werden können. Für letztere sind meist amphiamerikanische Arten charakteristisch. Eine weitergehende Gliederung ermöglichen die an Landnähe gebundenen Küsten- oder Litoralfaunen. Der schwedische Zoologe SVEN EKMAN unterscheidet drei Regionen (boreale, tropische und antiboreale), die sich in zahlreiche Subregionen (=Provinzen der Paläobiogeographie) gliedern lassen, wie die folgende Übersicht zeigt:

I. Boreale Region
  1. Mediterran-atlantische Subregion
  2. Sarmatische Subregion
  3. Atlantisch-boreale Subregion
  4. Baltische Subregion
  5. Nordpazifische Subregion
  6. Arktische Subregion

II. Tropische Region
  1. Indo-westpazifische Subregion
  2. Ostpazifische Subregion
  3. Westatlantische Subregion
  4. Ostatlantische Subregion

III. Antiboreale Region
  1. Südafrikanische Subregion
  2. Südaustralische Subregion
  3. Peruanische Subregion
  4. Kerguelen-Subregion

5. Antiboreal-amerikanische Subregion

6. Antarktische Subregion.

Aus diesen wenigen Hinweisen geht hervor, daß die Grenzen der faunistischen und floristischen Regionen nicht immer übereinstimmen, und diese selbst nur ein Augenblicksbild darstellen. Unter diesen Gesichtspunkten ist die Rekonstruktion der vorzeitlichen biogeographischen Regionen und Provinzen zu sehen, die gleichfalls zum Aufgabenbereich der Paläogeographie zu zählen sind. Abgesehen von der nicht adäquaten Fossildokumentation auf den einzelnen Kontinenten, die sowohl durch Aufsammlungen als auch durch die einstige Verteilung von Wasser und Land bedingt sein kann, bildet die altersmäßige Gleichsetzung von Faunen und Floren verschiedener Regionen oder Provinzen meist große Probleme. Dazu kommt noch die Schwierigkeit der Unterscheidung rein ökologisch bedingter Faunen- und Florenunterschiede von biogeographischen. In einem Meeresbecken sind Rand- und Beckenfazies oft stärker verschieden als die Beckenfazies von zwei getrennten Meeresbecken. Es ist daher eine der Grundvoraussetzungen paläobiogeographischer Vergleiche, stets nur vorzeitliche Faunen und Floren der gleichen Fazies heranzuziehen. Auch die Bewertung der biogeographischen Einheiten bietet manche Probleme. Wann ist von einer Region, wann von einer Provinz oder Subprovinz die Rede? Meist wird die Zahl der endemischen Gattungen als Maßstab herangezogen, etwa nach dem Schema, daß Faunen- oder Florenreiche durch mindestens 75%, Regionen durch 50–75% und Provinzen durch 25–50% gemeinsame endemische Gattungen charakterisiert sind. Eine Gliederung, die bei artenarmen und artenreichen Faunen, wie sie vor allem von der geographischen Breite abhängig sind, nicht gleichwertig ist.

Es leuchtet daher ein, daß hier mangels fundierter Grundlagen manche Aussage einer Spekulation entspricht.

In den vorhergehenden Kapiteln war bereits mehrfach von derartigen Faunen- und Florenprovinzen der Vorzeit die Rede. Es sei nur an die *Glossopteris-,* Cathaysia- und Angara-Flora sowie an die euramerische Florenprovinz im Oberkarbon bis Unterperm oder an die mediterrane und karibische Provinz der Tethys-Faunen zur Oberkreidezeit erinnert. In diesem Kapitel soll eine grobe Übersicht über die biogeographischen Regionen während des Phanerozoikums (= Paläo-, Meso- und Känozoikum, einschließlich des Eokambriums) gegeben werden, die keinen Anspruch auf Vollständigkeit erhebt. Zugleich soll deren unterschiedliche Ausbildung und Differenzierung während der einzelnen erdgeschichtlichen Ären bzw. Perioden und ihre Abhängigkeit von der Paläogeographie aufgezeigt werden.

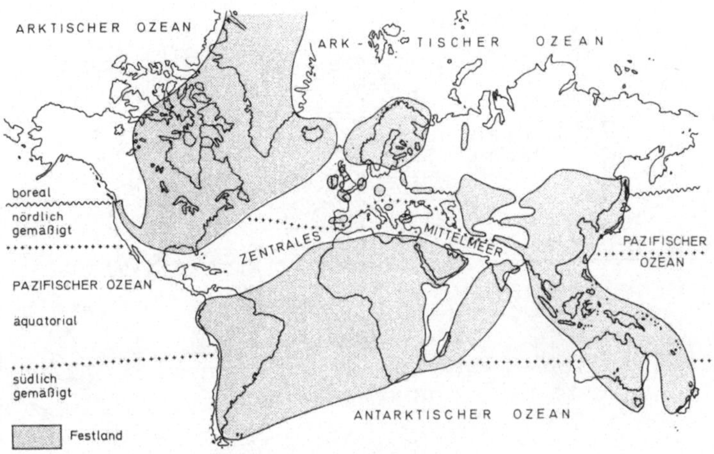

Abb. 68. Die marinen Faunenregionen zur Jurazeit nach Neumayr ohne Berücksichtigung der Kontinentaldrift. (Nach Neumayr, 1887, umgezeichnet)

Erste paläobiogeographische Gliederungsversuche hat M. Neumayr anhand von marinen Jurafaunen unternommen, indem er außer der zentralen Tethys-Provinz noch eine nördliche und südliche gemäßigte Provinz sowie im Norden eine boreale Provinz unterschied (Abb. 68), nachdem für die Triaszeit längst die Trennung einer germanischen und mediterranen Fazies durchgeführt worden war. Auch die permo-karbonischen Florenprovinzen wurden bereits frühzeitig als solche erkannt. Sie werden gegenwärtig als klimabedingt gedeutet und entsprechen damit echten pflanzengeographischen Provinzen oder besser gesagt Regionen (Abb. 69). In den letzten Jahren haben A. Hallam und N. F. Hughes jeweils durch ein Autorenteam zusammenfassende Darstellungen über die paläobiogeographische Gliederung des Phanerozoikums gegeben, die allerdings weder vollständig noch gleichwertig sind. Sie zeigen zugleich die unterschiedlichen Auffassungen und Ergebnisse der einzelnen Autoren auf.

Auf den Zusammenhang zwischen der Zahl der Kontinente und der Diversität der Landwirbeltier- (Reptilien und Säugetiere) und der marinen Flachsee-Bodenfaunen haben vor allem B. KURTÉN sowie J. W. VALENTINE und E. M. MOORES hingewiesen. Sie

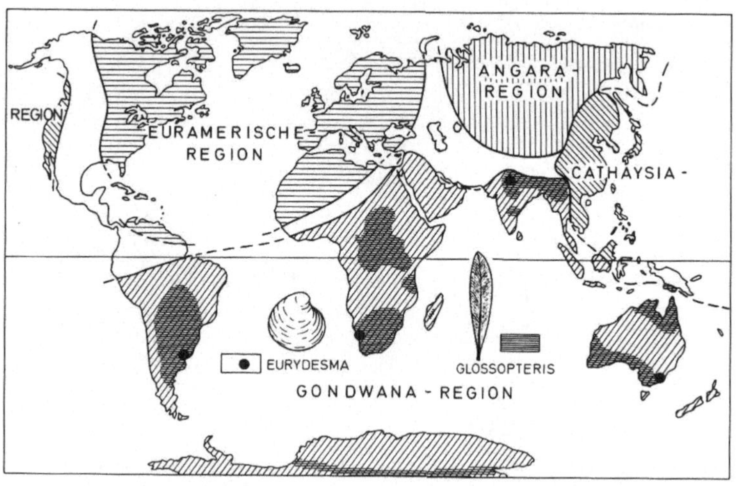

Abb. 69. Die Florenprovinzen des Jungpaläozoikums und die marine *Eurydesma*-Provinz des Gondwanakontinentes. (Nach PLUMSTEAD, 1973, und ZIEGLER, 1972, kombiniert aus THENIUS, 1976)

bringen die Zahl der systematischen Einheiten (Ordnungen bzw. Familien) mit der Zahl der Kontinentalschollen in Zusammenhang. So sinkt die Zahl der Familien der marinen Bodenfaunen im jüngsten Paläozoikum und ältesten Mesozoikum auf einen Tiefpunkt, der von VALENTINE und MOORES mit der damaligen Pangaea zusammenfällt (Abb. 70). Die geringe Zahl der Ordnungen der Landreptilien im Mesozoikum gegenüber jener der Landsäugetiere im Känozoikum wird von KURTÉN mit der unterschiedlichen Zahl der Kontinentalschollen in Zusammenhang gebracht. Zweifellos besteht ein Zusammenhang zwischen Provinzialismus und Paläogeographie. Dies hängt u. a. damit zusammen, daß die Separation, also die räumliche Trennung, wie sie für Landtiere vor allem

164

durch Meeresstraßen gebildet werden, zur verstärkten Artenbildung und damit rascher zur Diversität einer Gruppe führt.

Für das Paläozoikum bieten sich hauptsächlich Trilobiten, Brachiopoden, Ammoniten, Graptolithen, Korallen und Großforaminiferen sowie Landpflanzen, für das Mesozoikum Ammoniten, Belemniten, „Riff"-Korallen, Brachiopoden, Muscheln (z. B. Rudi-

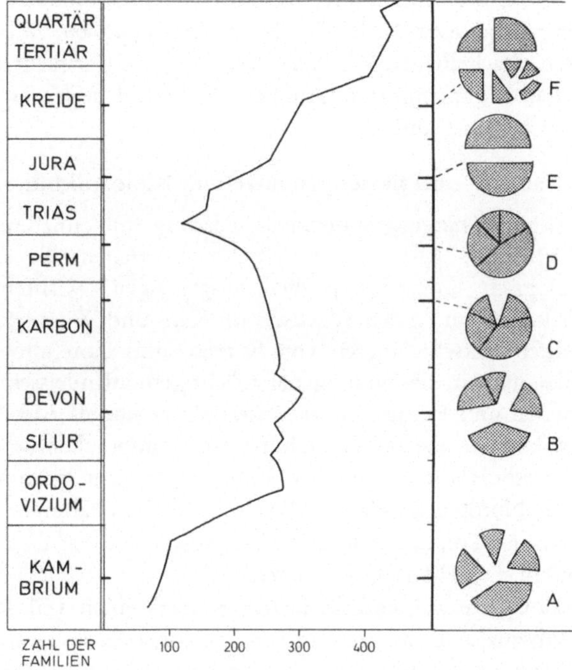

Abb. 70. Zahl der Kontinentalschollen und Häufigkeit der Familien bodenbewohnender Meerestiere. Beachte Tiefpunkt der Kurve zur Perm/Triaszeit, als die Pangaea existierte. *Rechts:* Zahl der Kontinentalschollen (Schema). (Nach VALENTINE und MOORES, 1970, verändert umgezeichnet)

sten), Großforaminiferen, Reptilien und Landpflanzen sowie für das Känozoikum Landsäugetiere, Groß- und Planktonforaminiferen, Ostracoden (Muschelkrebschen) und Landpflanzen zur paläobiogeographischen Gliederung an.

Damit ist bereits angedeutet, daß die Ergebnisse je nach den Ausbreitungsmöglichkeiten und den ökologischen Ansprüchen der einzelnen Tier- und Pflanzengruppen verschieden ausfallen müssen, ähnlich wie es auch gegenwärtig gilt. Es wäre daher sinnvoll, sich nur auf ökologisch gleichwertige Organismen zu beschränken, wie etwa — für den marinen Bereich — schwimmende und freischwebende (planktonische) (z. B. Ammoniten, Belemniten, Fische, Conodonten, Planktonforaminiferen) oder bodenbewohnende (benthonische) Lebewesen (z. B. Trilobiten, Brachiopoden, Muscheln, Schnecken, Stachelhäuter). Leider ist dies nicht konsequent durchzuführen, da die angeführten Gruppen nicht aus dem ganzen Phanerozoikum bekannt sind.

Faunen- und Florenprovinzen im Känozoikum

Da sich die biogeographische Gliederung mit zunehmendem erdgeschichtlichen Alter immer schlechter beurteilen läßt, sei von den geologisch jüngsten Epochen ausgegangen. Während des Quartärs kam es durch den Wechsel von Kalt- und Warmzeiten zu wiederholten Verschiebungen von Faunen- und Florenprovinzen. Es sei hier nur an die Bildung der mächtigen Inlandeisschilde in Nordamerika und Europa, an die eustatisch bedingten Meeresspiegelschwankungen, die zur Entstehung von Landbrücken (z. B. Bering-, Torresbrücke) und zur Trockenlegung ganzer Flachmeergebiete (z. B. Nordsee, Sundasee) führten, an die Pluvialzeiten in den Subtropen und Tropen sowie an die Eisstauseen vor den Eisschilden auf der nördlichen Hemisphäre erinnert.

Alaska bildete während der letzten Kaltzeit einen Teil der sibirischen Provinz, wie das Vorkommen von Saiga-Antilope und Yak neben Mammut, Rentier, Steppenbison und Moschusochsen zeigt. Südchina und auch Japan gehörten während der pleistozänen Warmzeiten zur indonesischen Faunenprovinz mit Bambusbär, Orang, Tapir, Stegodonten, Nashörnern und anderen südostasiatischen Faunenelementen. In Japan wurden diese Faunenelemente zur letzten Kaltzeit von der sibirischen Fauna verdrängt, die nach H. D. KAHLKE damals über die Tatarski-Landbrücke nach Sachalin und auch nach Japan gelangte.

Nordafrika bildete während der Eiszeit einen Teil der äthiopischen Region mit Faunenelementen, wie sie heute in ähnlichen Arten nur mehr südlich der Sahara vorkommen. Auch Südafrika entsprach nach seiner Fauna weitgehend Ostafrika. Der Wechsel von Kalt- und Warmzeiten führte auf dem afrikanischen Festland zu wesentlichen Arealverschiebungen von Urwald und Savanne, die auch gegenwärtig noch ihre Spuren in der Verbreitung einzelner Arten erkennen lassen, ganz abgesehen davon, daß erst dadurch auch die gegenwärtig isolierte Verbreitung von montanen Elementen verständlich wird.

Für den marinen Bereich sei das Mittelmeer als Beispiel genannt, indem zu Beginn des Pleistozäns „nordische" Elemente unter den Muscheln [z. B. „*Cyprina*" *(Arctica) islandica, Mya truncata, Panopaea norvegica*] und Foraminiferen (z. B. *Hyalinea baltica, Globigerina pachyderma)* auftauchen, während zu Warmzeiten (Tyrrhenien I = Mindel/Riss-Warmzeit) senegalische Faunenelemente (z. B. *Strombus bubonius, Mytilus senegalensis, Cardita senegalensis)* ins Mittelmeer einwandern.

Von der wechselvollen Geschichte des Schwarzen und des Roten Meeres war bereits im Kap. VII, vom Lake Bonneville in den USA und dem Lake Callabonna in Australien im Kap. VIII die Rede.

Noch zur älteren Tertiärzeit war Europa eine Provinz Nordamerikas. Es war bis zum Mitteleozän über Spitzbergen und Grönland mit dem nordamerikanischen Kontinent verbunden und damals durch das Obik-Meer und die Turgai-Straße von Asien getrennt. Neben verschiedenen Säugetier*arten* zeigt auch die Vogel-, Reptil- und Süßwasserfischfauna zahlreiche Affinitäten. Es seien nur die kasuarähnlichen flugunfähigen Laufvögel der Gattung *Diatryma,* ferner Kondore *(Eocathartes),* Krustenechsen (Helodermatiden), Alligatoren *(Diplocynodon),* Schnabelechsen *(Champsosaurus),* Knochenhechte *(Lepisosteus)* und Schlammfische (Amiiden) genannt, die in verwandten Formen aus dem Alttertiär Nordamerikas bekannt sind. Ein späterer Faunen- und Florenaustausch dürfte ausschließlich über die Beringbrücke erfolgt sein. In Asien selbst läßt sich die (sub)tropische Poltawa-Flora mit immergrünen (thermophilen) Bedecktsamern und die gemäßigte Turgai-Flora mit sommergrünen Gewächsen, also arktotertiären Elementen, unterscheiden. Sie dokumentiert den Wechsel vom (sub)tropischen zum gemäßigten Klima, der sich auch in der Fauna widerspiegelt.

Die Karibische See war zur Tertiärzeit über die damals offene Panamastraße mit dem östlichen Pazifik verbunden, eine Meeresverbindung, an die gegenwärtig nicht nur die Mönchsrobben, sondern auch zahlreiche amphiamerikanische Arten in der marinen Bodenfauna erinnern. Die Karibik war damals längst von der Mittelmeerfauna getrennt. Große Teile Südeuropas waren im Alttertiär vom Nummulitenmeer (benannt nach Großforaminiferen) bedeckt, das sich im Eozän im Norden bis England, im Süden bis nach Westafrika, im Osten über Südasien bis in den westlichen Pazifik bzw. bis nach Ostafrika und Madagaskar erstreckte. Neben den Nummuliten und Alveolinen als Großforaminiferen sind besonders tropische Meeresschnecken, wie Kauri„muscheln" (Cypraeen), „Turm"- *(Campanile)* und Walzenschnecken (Volutiden) sowie Korallenfische charakteristisch. Es war die einstige Tethys, die — wie bereits oben erwähnt — im Neogen zerfiel. Das Mittelmeer selbst stand noch bis ins ältere Jungtertiär mit dem Indik in direkter Verbindung (vgl. Kap. VII).

Der Nordatlantik hatte längst eine Breite von 4000 km erreicht und bildete damit für die Bodenfauna eine Verbreitungsbarriere. Möglicherweise ist die Öffnung des Nordatlantiks seit dem Mesozoikum auch die Erklärung für die gegenwärtige Wanderung der europäischen Aale, die bekanntlich in der Sargassosee ablaichen und von dort als Glasaale mit dem Golfstrom nach Europa wandern, um in den Flüssen heranzureifen.

Zur älteren Tertiärzeit macht sich erstmalig auch die Tiefwasserzirkulation im Atlantik bemerkbar. Im Pliozän kommt es durch die Vergletscherung der Arktis zur Entstehung des Labradorstromes, der den Golfstrom nach Süden abdrängte, nachdem bereits im jüngeren Miozän durch die starke Eiskappenbildung in der Antarktis kalte Tiefenströme im Atlantik bis weit nach Norden vorgedrungen waren. Mit dem Labradorstrom entstand auch die echte boreale Provinz, die klimatisch nicht der des Mesozoikums entsprach, sowie die polare Provinz. Diese ist erst ein jungtertiäres Phänomen.

Australien und Südamerika waren fast die ganze Tertiärzeit hindurch isoliert, wie die endemischen Faunen zeigen. Zentralamerika bildete bis ins Jungpliozän einen Teil von Nordamerika. Erst nach Entstehung der Panamabrücke zur jüngsten Tertiärzeit erfolgte ein

Austausch der Landtierfaunen, der Zentralamerika zu einem Teil der Neotropis werden ließ.

Faunenprovinzen im Mesozoikum

Für das Mesozoikum war die Tethys mit ihren Warmwasserfaunen kennzeichnend. Auf den während der Kreidezeit einsetzenden Zerfall der Tethys in mehrere Faunenprovinzen (karibische, mediterrane, südindische) durch die Öffnung des Atlantiks und Indiks wurde bereits verwiesen. Nicht geklärt sind die faunistischen Affinitäten der Tethys-Faunen zur Triaszeit, wo nahezu identische Arten unter den Kopffüßern und Muscheln vom Mittelmeer über Südasien und Indonesien bis nach Neukaledonien und Neuseeland einerseits, nach Japan, Alaska und die pazifische Küstenregion der USA andererseits verbreitet waren (s. o.). Manche Faunenelemente wiederum sind auf den mediterranen Raum beschränkt, wie etwa die Placodontier. Diese, im Aussehen verschiedentlich mit Schildkröten vergleichbaren Reptilien sind bisher nur aus dem Mittelmeerraum und der benachbarten germanischen Fazies der Trias bekannt geworden. Demgegenüber waren die gleichfalls amphibisch lebenden und krokodilähnlichen Phytosaurier sowie andere Reptilgruppen (z. B. Pseudosuchia, Tritylodontia), verschiedene Lurche (z. B. Metoposauria) und auch die ältesten Dinosaurier (Procompsognathidae) zur jüngsten Triaszeit im westlichen Europa und Nordamerika heimisch. Letztere sind jedoch auch aus Asien und Afrika bekannt geworden. Andere Landreptilien waren mit identischen oder nahe verwandten Arten in Südamerika, Afrika, Vorderindien und der Antarktis verbreitet. Sind sind Zeugen der damaligen Pangaea (vgl. Kap. V), doch müssen gewisse Barrieren bestanden haben, wie etwa zwischen Nordamerika und Grönland, Nord- und Südamerika, China und Nordamerika, Osteuropa und China, Ost- und Westeuropa sowie Nord- und Südafrika. Zu diesen Ergebnissen kommt man beim Vergleich der Landwirbeltierfaunen.

Was die Flora betrifft, so lassen sich die Trias-Floren der nördlichen Hemisphäre, die durch das Vorherrschen von Nacktsamern und Caytoniales charakterisiert sind, von jenen der südlichen Halbkugel, die als *Dicroidium-Ptilophyllum*-Floren bezeichnet werden, gut unterscheiden. Auf der Nordhalbkugel läßt sich die Trennung in die mehr kühl-feuchtere Angara-Provinz und die eher semiaride eurasiatische Provinz durchführen.

Für die Jurazeit sind weitgehend einheitliche Floren charakteristisch, indem die Südhalbkugel nur als Provinz jener der nördlichen Hemisphäre (Angara-, eurasiatische und nordamerikanische Provinz) gegenübersteht. Es sind Floren, die von Alaska, Grönland, Spitzbergen und den Neusibirischen Inseln im Norden bis nach Patagonien, Neuseeland und der Antarktis im Süden verbreitet waren; Gebiete, die gegenwärtig durch völlig konträre Klimabedingungen charakterisiert sind. Sie bestätigen das ziemlich uniforme Klima dieser akryogenen Periode. In der älteren Kreidezeit ist die Situation ähnlich, indem weltweite Verbreitung bestimmter Gattungen und eine grundsätzliche Übereinstimmung der Floren der nördlichen und südlichen Hemisphäre festzustellen sind.

Auch die nordamerikanische, westeuropäische und ostafrikanische Reptilfauna (z. B. Sauropoden und Stegosaurier) zeigt bemerkenswerte Übereinstimmungen, die für einzelne Gruppen sogar noch für die ältere Kreidezeit gelten.

Im marinen Bereich lassen sich — wie bereits oben erwähnt — seit dem mittleren Lias eine tropische und eine boreale Region unterscheiden, die durch Übergangszonen verbunden sind. Diese Gliederung ergibt sich nach dem Vorkommen von Riffkorallen, Ammoniten und Belemniten, Muscheln und Schnecken sowie Foraminiferen. Innerhalb der tropischen Tethys-Region kann eine mediterrane, äthiopische und indopazifische Provinz, innerhalb der borealen Region eine boreal-atlantische und eine arktische Provinz abgetrennt werden, deren Grenzen durch physische Barrieren bedingt sein müssen. Ab dem Oberjura macht sich eine eigene australische Region bemerkbar, welche die Drift der Südkontinente widerspiegelt. In der Kreidezeit sind außer den Riffkorallen vor allem die Rudisten mit Hippuriten, Radiolitiden und verwandten Formen, sowie meist großwüchsige Meeresschnecken (z. B. Cerithiaceen, Nerineen, „Actaeonellen", *Discotectus*) für den tropischen Bereich kennzeichnend. Nach den Foraminiferen bildet der nördliche Pazifik zur Oberkreidezeit einen Kaltwasserbereich. Die zunehmende Provinzialisierung zur Oberkreidezeit entspricht der sich ändernden paläogeographischen Situation durch die Aufspaltung der Kontinentalschollen (Abb. 71).

170

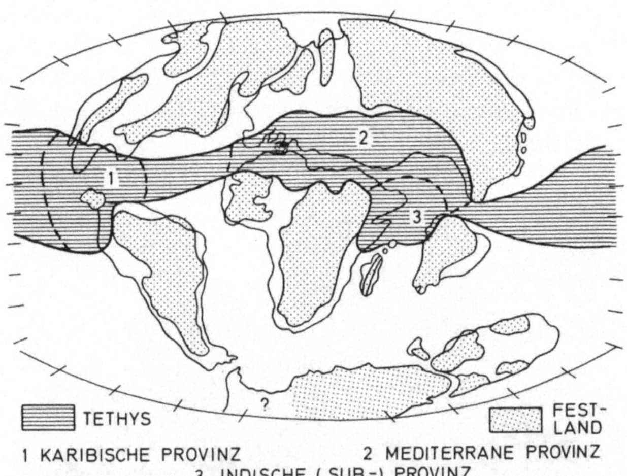

Abb. 71. Marine Faunenprovinzen zur Oberkreidezeit unter Berücksichtigung der Kontinentaldrift. (Nach KAUFFMAN, 1973, aus THENIUS, 1976)

Faunen- und Florenprovinzen im Paläozoikum

Auch im Erdaltertum lassen sich biogeographische Provinzen unterscheiden. Die bekanntesten sind zweifellos die Florenbereiche im Jungpaläozoikum, von denen bereits im Kap. V die Rede war, nämlich die euramerische, die Angara- und die Cathaysia-Flora, die vorwiegend für die nördliche Hemisphäre typisch sind, und die *Glossopteris*-Flora der südlichen Hemisphäre im Oberkarbon/Unterperm.

Die primäre Differenzierung in die nördliche und südliche Region begann bereits im älteren Karbon, um im Perm zu einer weiteren Aufspaltung der euramerischen Region in eine nordamerikanische und atlantische Provinz und der Angara-Region in eine osteuropäische, eine Petschora-, sibirische und fernöstliche Provinz zu führen. Daß hier auch klimatische Faktoren eine Rolle spielen, wurde bereits angedeutet. Paläofloristische Provinzen lassen sich erstmalig im Devon auf der nördlichen Hemisphäre unterscheiden (von der südlichen Halbkugel sind die Pflanzenfunde zu gering).

Für die Gliederung der marinen Bereiche im Jungpaläozoikum kommt den Großforaminiferen (Fusulinen) große Bedeutung zu. Die bis zentimetergroßen, spindelförmig bis kugeligen Gehäuse dieser Einzeller treten oft massenhaft und dadurch auch gesteinsbildend auf (Abb. 72). Trotz ihrer Beschränkung auf den karbonatischen Faziesbereich sind sie weitverbreitet und lassen eine Gliederung in Faunenreiche zu, die nicht zuletzt mit ihrer raschen Evolution und ihren charakteristischen Artengemeinschaften in Zusammenhang stehen.

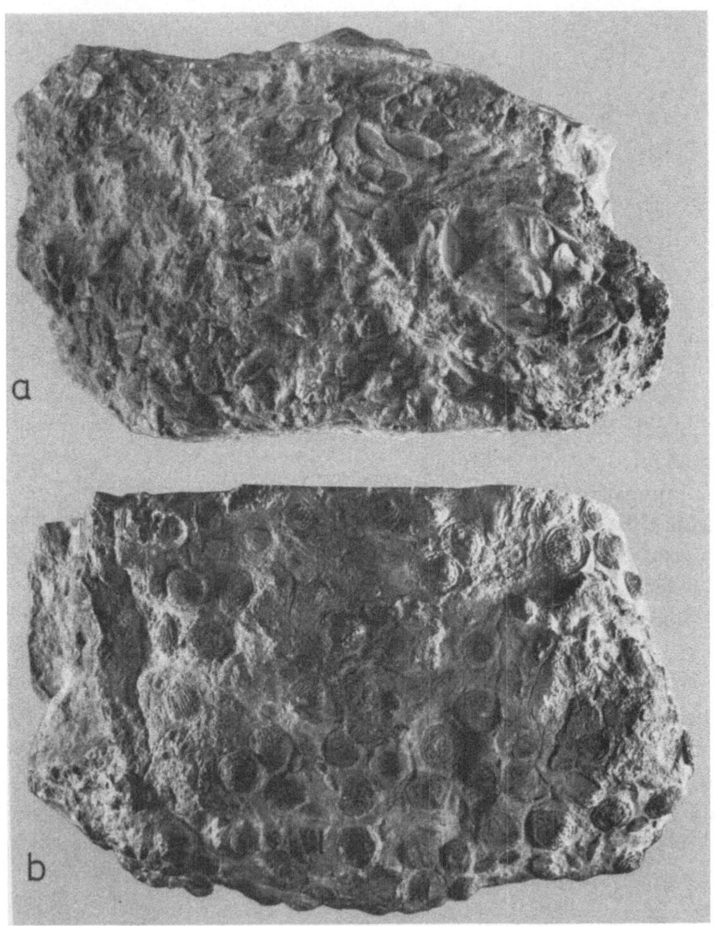

Abb. 72 a u. b. Fusulinen als gesteinsbildende Großforaminiferen des Jungpaläozoikums aus den Karnischen Alpen, Österreich. Fusulinen aus dem Karbon (a) und Pseudoschwagerinen aus dem Perm (b). Verkleinert. (Foto REICHEL)

172

Die Fusulinen waren nach Ch. A. Ross im Jungpaläozoikum in sämtlichen damaligen Geosynklinalbereichen und in Schelfmeeren verbreitet und bildeten verschiedentlich endemische Faunen aus. Im älteren Karbon nahezu kosmopolitisch verbreitet, kommt es im mittleren Karbon zur Bildung von zwei Faunenregionen (eine eurasisch-arktische und eine „midcontinent"-südamerikanische) und anschließend durch marine Transgressionen zur Differenzierung in Provinzen. Am Ende des mittleren Karbons sterben zahlreiche Gattungen aus. Im jüngeren Karbon sind die beiden Faunenregionen nur teilweise getrennt. Am Ende der Karbonzeit setzt eine neue Radiation ein, die zu einer weiten Verbreitung führt. Gegen Ende des Unterperms entsteht eine eigene Tethys-Faunenregion, die sich über das südliche Eurasien und längs des Pazifiks bis nach Neuseeland bzw. über Japan und Britisch-Kolumbien bis Kalifornien erstreckt. Unter den Fusulinen entspricht besonders die Verbreitung der Verbeekiniden jener der Tethys-Ausbreitung, ähnlich wie die Waagenophylliden innerhalb der Korallen und der Richthofenien und Oldhaminiden als Armfüßer. Im Oberperm sterben nahezu alle Fusulinen mit Ausnahme jener des eurasiatischen Tethys-Bereiches aus. Sie sind zur jüngsten Permzeit nur aus dem südlichen Europa, Süd- und Ostasien bekannt, die als Warmwasserbereiche gelten. Die direkte Verbindung über das Ural-Meer nach Norden ist bereits unterbrochen.

Für die ältere und mittlere Devonzeit ist nach bodenbewohnenden Meeresfaunen gegenüber dem Oberdevon und dem Silur eine starke biogeographische Differenzierung charakteristisch. Allerdings erfolgt die Bewertung der verschiedenen marinen biogeographischen Einheiten nicht einheitlich, indem diese vom Reich bis zur Provinz schwankt. Während etwa zur Silurzeit neben der malvino-kaffrischen Region [benannt nach den Falkland (= Malvino-) Inseln] der südlichen Hemisphäre eine nördliche Region mit zwei Provinzen, nämlich die Ural-Kordilleren- und die nordatlantische Provinz, unterschieden werden (Abb. 73), läßt die Altwelt-Region des Devons eine Gliederung in sechs Provinzen (rheinisch-böhmische, Ural-, mongolisch-ochotskische, ostamerikanische, Tasman- und Neuseeland-Provinz) zu, von denen die ostamerikanische wiederum in mehrere Subprovinzen (amazonisch-kolumbische, Nevada- und Appohimichi-Subprovinz) aufgeteilt werden kann. Proble-

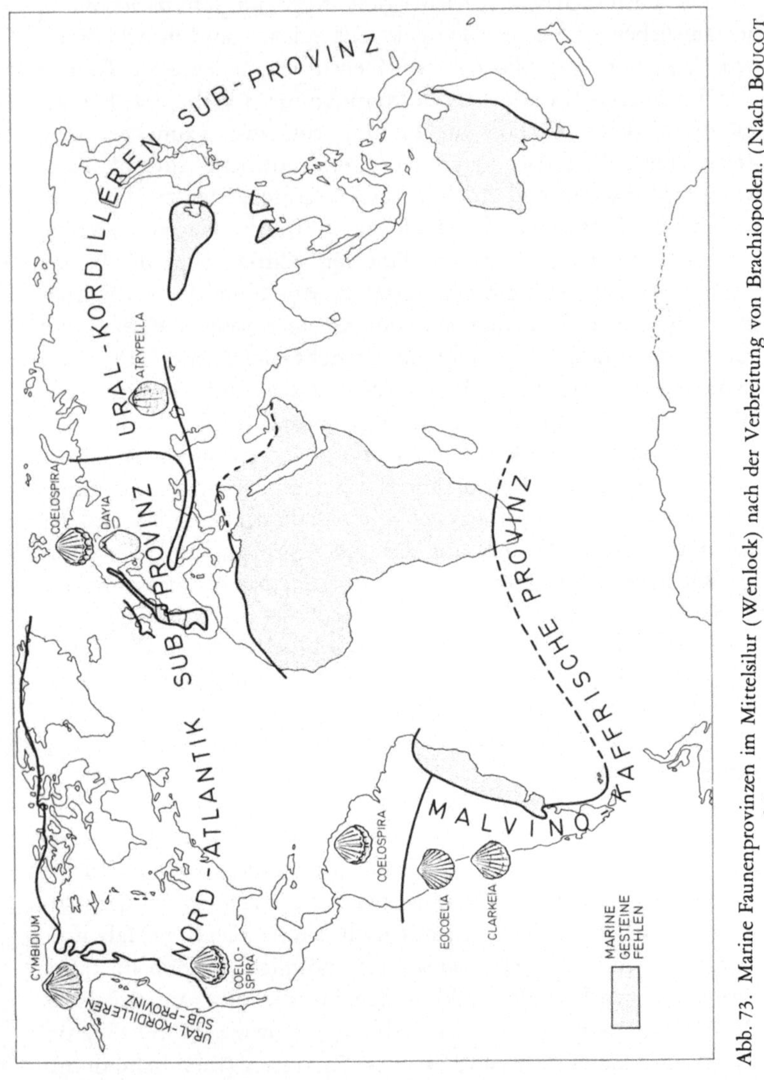

Abb. 73. Marine Faunenprovinzen im Mittelsilur (Wenlock) nach der Verbreitung von Brachiopoden. (Nach BOUCOT und JOHNSON, aus HALLAM, 1973, umgezeichnet und figural ergänzt)

matisch ist, wodurch die Abgrenzung der auch im Devon bestehenden malvino-kaffrischen Region bedingt ist. Allgemein wird angenommen, daß in dieser Region kühlere klimatische Bedingungen

174

herrschten, doch sollte man dann erwarten, daß diese Kaltwasserfaunen auf der nördlichen Hemisphäre in größerer Meerestiefe vorkommen, was jedoch nicht zutrifft. Die malvino-kaffrische Region umfaßt große Teile Südamerikas und Nordwestafrikas (im Silur) bzw. Südafrikas. Auffallend ist das Fehlen der Receptaculiten (Algen mit massivem Kalkskelett) in dieser Faunenregion. Es spricht für klimatisch bedingte Unterschiede, kommen diese Algen in der damaligen äquatorialen Region doch häufig vor.

Nach den Conodonten lassen sich im älteren Devon nur zwei „Provinzen" auseinanderhalten: die Tasman-Kordilleren- (östliches Australien und westliches Nordamerika) und die aurelische Provinz (Mittel- und Südeuropa und NW-Türkei).

Für das Ordovizium unterscheidet H. B. WHITTINGTON nach Trilobiten eine „Nord"-Region, die Nordamerika, Balto-Skandinavien und Sibirien umfaßt, und eine „Süd"-Region mit Südamerika, West-, Mittel- und Südeuropa, Süd- und Südostasien. Schon dadurch ist angedeutet, daß damals weitgehend von der heutigen geographischen Situation abweichende Verhältnisse geherrscht haben müssen. Die geographische Verbreitung ist im wesentlichen klimatisch oder besser gesagt durch die Meerestemperatur gesteuert, indem einerseits eine „warme" nördliche, andererseits eine „kühlere" südliche Region existierte. Dies steht auch im Einklang mit der Position der Pole zur damaligen Zeit, indem nach paläomagnetischen Befunden der „Süd"pol (=Gondwanapol) in Nordafrika, der „Nord"pol (=Pazifikpol) im Nordpazifik lag. Nach den (epi)-planktonischen Graptolithen sind im älteren Ordovizium eine pazifische und eine europäische (=nordatlantische) Provinz zu unterscheiden. Im jüngeren Ordovizium führt eine weltweite Abkühlung zum Aussterben zahlreicher Tierstämme.

Auch im Kambrium ist eine deutliche biogeographische Gliederung möglich. Ähnlich wie im Ordovizium lassen sich zumindest zwei Regionen (Hauptprovinzen) unterscheiden. Grundlagen für diese Gliederung bilden die Trilobiten, die bereits im Kambrium artenreich vertreten waren, aber auch die Archaeocyathen, festsitzende, schwammartige Organismen. Nach den Trilobiten lassen sich im Unterkambrium die Olenellen- und die Redlichien-Region unterscheiden (Abb. 74). Während die erstere eine Gliederung in die pazifische und die acado-baltische Provinz zuläßt, entspricht die

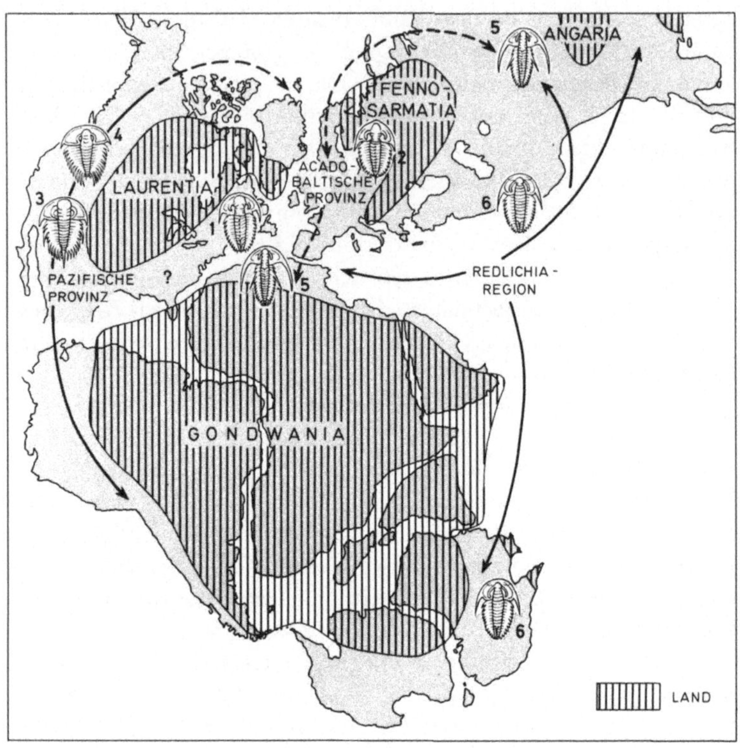

Abb. 74. Marine Faunenprovinzen im älteren Kambrium nach der Verbreitung von Trilobiten. Anordnung der Kontinente nach COWIE. *1: Holmia; 2: Kjerulfia; 3: Olenellus; 4: Nevadia; 5: Fallotaspis; 6: Redlichia.* (Aus MIDDLEMISS et al., 1973, umgezeichnet und figural ergänzt)

Redlichien-Region der Proto-Tethys, die sich von Vorderasien über Südostasien bis nach Australien erstreckte. Im iberisch-marokkanischen Raum scheint eine Verbindung mit der acado-baltischen Provinz bestanden zu haben.

Mit dieser zweifellos nur oberflächlichen und in manchen Punkten hypothetischen Übersicht sei dieses Kapitel abgeschlossen, das wiederum gezeigt hat, wie sehr die vorzeitlichen biogeographischen Regionen und Provinzen von der paläogeographischen Situation abhängig waren.

176

Tabelle. Zeittafel der Erdgeschichte

Zeit-alter		Periode	Epoche	Jahr-millio-nen	Wichtige paläogeographische Ereignisse		Beispiele aus Kapitel V
PHANEROZOIKUM	Känozoikum	Quartär	Holozän (Jetztzeit) Pleistozän (Eiszeit)	1,8	Abschmelzen der Eisschilde / Inlandeisschilde auf Nord-Hemisphäre		Löß
		Tertiär	Pliozän		Panamabrücke entsteht	Antarktis-vereisung	Molasse
			Miozän		„Austrocknung" des Mittelmeeres		
			Oligozän		Zirkumantarktische Strömung	Alpi-di-sche Oro-ge-nese	Braun-kohle
			Eozän		Trennung von Antarktis und Australien / Öffnung des Skandik		
			Paleozän	65	Regression		
	Mesozoikum	Kreide	Ober-		Weltweite Transgression		Gosau
			Unter-	135	Öffnung des Südatlantik		Ophiolithe in den Alpen
		Jura	Malm				
			Dogger		Öffnung des südlichen Nord-Atlantik		
			Lias	190	Tethys trennt Laurasia von Gondwana		Navajo-Sandstein Dachstein-Kalk
		Trias	Keuper Muschel-kalk		Bildung alpidischer Geosynklinalen		
			Bunt-sandstein	225	Pangaea		
	Paläozoikum	Perm	Zechstein Rotliegend	280	ausgedehnte Vereisungen des Gondwanakontinentes	Ural-ozean	Zechstein-Evaporiten Coconino-Sandstein
		Karbon	Ober- Unter-	345	Variszische Orogenese		Steinkohle
		Devon	Ober- Mittel- Unter-	395	Acadische Orogenese		
		Silur	Ober- Mittel- Unter-	430	Kaledonische Orogenese / Taconische Orogenese	Proto- Sahara-Vereisung	
		Ordo-vizium	Ober- Unter-	500	Atlantik		
		Kambrium	Ober- Mittel- Unter-	570	Transgressionen		
CRYPTOZOIKUM	Präkambrium	Eokambrium			Assyntische Orogenese	Eokambrische Eiszeit	
		Algonkium oder Proterozoikum		2000	Gotokarelische Orogenese / Svekofennidische und Algonkische Orogenese		
		Archaikum		4500 5000	Laurentidische Orogenese / Beginn der Plattentektonik / Krustenbildung		

Rechte Randspalte (vertikal): FLYSCH — TETHYS — PROTO-TETHYS

Literatur[1]

ARLDT, Th.: Die Entwicklung der Kontinente und ihrer Lebewelt, 2. Aufl., Berlin: Borntraeger 1938, Bd. I, XVIII, 105 S.

*BLACKETT, P. M. S., BULLARD, E., RUNCORN, S. K. (eds.): A Symposium on Continental Drift. Philos. Transact. **1088**, London: Roy. Soc., 1965, X, 323 S.

BOWEN, R.: Paleotemperature Analysis. Methods in Geochemistry and Geophysics 2, Amsterdam: Elsevier, 1966, X, 265 S.

BRINKMANN, R.: Abriß der Geologie II. Historische Geologie, 8. Aufl., Stuttgart: Enke, 1959, VIII, 360 S.

BRINKMANN, R.: Paläogeographie. In: Lehrbuch der allgemeinen Geologie 3, Brinkmann, R. (Hrsg.) Stuttgart: Enke 1967, S. 327 – 366

CALDER, N.: Erde – ruheloser Planet. Die Revolution der modernen Erdwissenschaft, Bern: Hallwag, 1972, S. 1 – 168

*COX, A.: Plate Tectonics and Geomagnetic Reversals. San Francisco: Freeman, 1973, S. 1 – 702

DACQUÉ, E.: Grundlagen und Methoden der Paläogeographie, Jena: Fischer, 1915, VII, 499 S.

DARLINGTON, Ph. J.: Zoogeography: The Geographical Distribution of Animals, 2nd ed., New York: Wiley, 1963, XI, 675 S.

DARLINGTON, Ph. J.: Biogeography of the Southern End of the World, Cambridge: Harvard Univ., 1965, X, 236 S.

*EKMAN, S.: Zoogeography of the Sea. London: Sidgwick and Jackson, 1967, XIV, 417 S.

FIRBAS, F.: Pflanzengeographie. In: Lehrbuch der Botanik für Hochschulen. Strasburger, E. et al. (Hrsg.), 28. Aufl., Jena: Fischer, 1962, S. 653 – 689

GERMAN, R.: Studienbuch Geologie. Klett-Studienbücher 1 – 161. Stuttgart: Klett, 1976.

HALLAM, A.: A Revolution in the Earth Sciences. From Continental Drift to Plate Tectonics. Oxford: Clarendon, 1973, IX, 127 S.

*HALLAM, A. (ed.): Atlas of Palaeobiogeography. Amsterdam-London: Elsevier, 1973, XII, 531 S.

HENNINGSEN, D.: Paläogeographische Ausdeutung vorzeitlicher Ablagerungen. B. I. Hochschulskripten 839/839 c. Mannheim: Bibl. Inst., 1969, 1 – 170 S.

HOPKINS, D. M. (ed.): The Bering Land Bridge. Stanford: Univ. Press, 1967, XII, 495 S.

---

[1] Nur Auswahl berücksichtigt. Von der Nennung von Zeitschriftenartikeln wurde mit Absicht Abstand genommen. Diese finden sich in den mit * gekennzeichneten Werken zitiert, die ein ausführliches Literaturverzeichnis enthalten.

*HUGHES, N. F. (ed.): Organisms and Continents through Time. Spec. Pap. in Palaeontology 12. London: Palaeont. Assoc., 1973, VI, 334 S.

*IRVING, E.: Palaeomagnetism and its Application to Geological and Geophysical Problems. New York: Wiley, 1964, XVI, 399 S.

*KASBEER, T.: Bibliography of Continental Drift and Plate Tectonics. Geol. Soc. Am., Spec. Pap. 142. Boulder: 1973, XI, 96 S.

*LATTIN, G. DE: Grundriß der Zoogeographie. Jena: Fischer, 1967, S. 1 – 602

*MARVIN, U. B.: Continental Drift. The Evolution of a Concept. Washington: Smithson. Inst., 1973, 1 – 239 S.

*McELHINNY, M. W.: Palaeomagnetism and Plate Tectonics. Cambridge Earth Sci. Ser. Cambridge: Univ., 1973, X, 358 S.

MIDDLEMISS, F. A., RAWSON, P. F., NEWALL, G. (eds.): Faunal Provinces in Space and Time. Geol. J., Spec. issue No. 4. Liverpool: Seel House 1971, 1 – 236 S.

MUNYAN, A. C. (ed.): Polar Wandering and Continental Drift. Soc. Econ. Palaeont. Miner., Spec. Publ. 10, 1 – 169. Tulsa: Am. Assoc. Petrol. Geol. 1963

NAIRN, A. E. M. (ed.): Problems in Palaeoclimatology. New York: Wiley Interscience, 1965, XIV, 705 S.

OWEN, H. G.: Continental displacement and expansion of the Earth during the Mesozoic and Cenozoic. Philos. Trans. Roy. Soc. London (A) 281, No. 1303, London: 1976, S. 223 – 291

PETTIJOHN, F. J., POTTER, P. E.: Atlas and Glossary of Primary Sedimentary Structures. Berlin–Göttingen–Heidelberg–New York: Springer, 1964, XV, 370 S.

READ, H. H., WATSON, J.: Introduction to Geology. Vol. 2. Earth History, Pt. I u. II. London: MacMillan, 1975, XII, 221 S., X u. 371 S.

*REINECK, H.-E., SINGH, I. B.: Depositional Sedimentary Environments. Berlin–Heidelberg–New York: Springer, 1975, XVI, 439 S.

RIFFAUD, Cl., LE PICHON, X.: Expedition "Famous". 3000 Meter unter dem Atlantik. Köln: Kiepenheuer und Witsch, 1977, S. 1 – 304

*ROSENBERG, G. D., RUNCORN, S. K. (eds.): Growth Rhythms and the History of the Earth's Rotation. London, New York: Wiley, 1975, XVI, 559 S.

*RUNCORN, S. K. (ed.): Palaeogeophysics. London, New York: Academic Press 1970, XV, 518 S.

*SCHÖNENBERG, R. (Hrsg.): Die Entstehung der Kontinente und Ozeane in heutiger Sicht. Darmstadt: Wiss. Buchges., 1975, VIII, 351 S.

SCHUCHERT, Ch.: Atlas of Paleogeographic Maps of North America. New York: Wiley, 1955, XI, 177 S.

SCHWARZBACH, M.: Berühmte Stätten geologischer Forschung. Stuttgart: Wiss. Verlagsges. 1970, IX, 322 S.

*SCHWARZBACH, M.: Das Klima der Vorzeit. Eine Einführung in die Paläoklimatologie, 3. Aufl., Stuttgart: Enke, 1974, VIII, 380 S.

SEYFERT, C. K., SIRKIN, L. A.: Earth History and Plate Tectonics. New York: Harper and Row, 1973, VIII, 504 S.

SIMPSON, G. G.: The Geography of Evolution. Philadelphia, New York: Chilton 1965, XI, 249 S.

*TARLING, D. H., RUNCORN, S. K. (eds.): Implications of Continental Drift to the Earth Sciences. London, New York: Academic Press 1973, Bd. I, II, S. 1 – 1184

TAZIEFF, H.: Vulkanismus und Kontinentwanderung. Stuttgart: Deutsche Verlags-Anst., 1974, S. 1 – 112

THENIUS, E.: Versteinerte Urkunden. Die Paläontologie als Wissenschaft vom Leben in der Vorzeit. Verständl. Wiss. **81**, 2. Aufl., Berlin–Heidelberg–New York: Springer, 1972, Bd. IX, 211 S.

*THENIUS, E.: Grundzüge der Verbreitungsgeschichte der Säugetiere. Jena, Stuttgart: Fischer, 1972, B. X, 345 S.

THENIUS, E.: Eiszeiten – einst und jetzt. Kosmos-Bibliothek **284**. Stuttgart: Franckh, 1974, S. 1 – 64

DU TOIT, A.: Our Wandering Continents. London: Oliver and Boyd, 1937, XIII, 366 S.

*TUREKIAN, K. T. (ed.): The Late Cenozoic Glacial Ages. New Haven: Yale Univ., 1971, Bd. XII, 606 S.

WALLACE, A. R.: The Geographical Distribution of Animals. I. u. II. Reprint. New York: Harper, 1962, XXI, 503 S.; VIII, 607 S.

WALTER, H., STRAKA, H.: Arealkunde. Floristisch-historische Geobotanik, 2. Aufl., Stuttgart: Ulmer, 1970, S. 1 – 478

*WEGENER, A.: Die Entstehung der Kontinente und Ozeane, 4. Aufl., Die Wissenschaft **66**. Braunschweig: Vieweg, 1929, X, 231 S.

WILSON, J. TUZO (ed.): Continents adrift. Readings from Scientific Amer. San Francisco: Freeman, 1972.

WRIGHT, A. E., MOSELEY, F. (eds.): Ice Ages: Ancient and Modern. Geol. J., Spec. Issue No. 6, Liverpool: Seelhouse Press 1975, 1 – 320

WUNDERLICH, H. G.: Das neue Bild der Erde. Faszinierende Entdeckungen der Erde. Hamburg: Hoffmann and Campe, 1975, S. 1 – 367

Glossar

Abyssisch — Bereich des Meeres von etwa 4000 – 5000 m Tiefe

Acado-baltische Provinz — tiergeographische Provinz des Altpaläozoikums, die Europa und das östliche Nordamerika umfaßt

Adaptation — Anpassung

Adult (-Stadium) — erwachsen, geschlechtsreif

Äolisch — windbedingt

Äthiopis — tiergeographische Subregion der Paläotropis: Afrika südlich der Sahara

Akryogen — erdgeschichtliche Perioden ohne Eiskappenbildung im Polbereich

Aktualitätsprinzip — besagt, daß vorzeitliches Geschehen durch gegenwärtig beobachtbare Vorgänge zu erklären ist

Albedo(wirkung) — von nicht selbst leuchtenden Körpern zurückgeworfene Lichtmenge

Allochthon — ortsfremd

Ammoniten, Ammonoidea — Kopffüßer („Tintenfische") mit Außenskelett

Amphiamerikanische Verbreitung — Arten oder Gattungen, die an der nordamerikanischen Pazifik- und Atlantikküste verbreitet sind

Amphibolite — aus basischen Gesteinen (z. B. Gabbro) in der Mesozone entstandenes metamorphes Gestein

Amphibolit-Fazies — Mesozone der Gesteinsmetamorphose, gegenüber Epi-(= Grünschiefer-Fazies) und Katazone (= Eklogit-Fazies)

Angaria — sibirischer Schild aus präkambrischen Gesteinen

Aptychen — deckelartige Bildungen der Ammoniten (s. d.), entsprechen morphologisch dem Unterkiefer

Aragonit — Modifikation des Kalziumkarbonats ($CaCO_3$)

Archinotis — biogeographische Region: Antarktis und südlichstes Südamerika

Arid — trocken (Klima)

Armfüßer — Brachiopoden, Klasse der Tentaculata

Asthenosphäre — Zone des Erdmantels unterhalb der Lithosphäre (nach gr. asthenos=schwach)

Australis — zoogeographische Region: Australien, Neuguinea, Tasmanien, Neuseeland

Autochthon — an Ort und Stelle entstanden

Bathyal — Bereich des Meeres von 200 – 4000 m Tiefe

Bathymetrie — Tiefenmessung (in Meeren und Seen)

Bedecktsamer (Angiospermen) — Samenpflanzen mit Fruchtknoten (z. B. Laubbäume, Blumen)

Belemniten — Reste von ausgestorbenen Tintenfischen (Belemnoidea) mit Innenskelett

Benioff-Zone — durch Bebenherde markierte, schräg bis 700 km Tiefe in den Erd-
mantel absinkende Zone. Sie entspricht absinkenden Ozeanplatten
Benth(on)isch — bodenbewohnend in Meeren und Seen
Bioherm — ausschließlich durch Organismen aufgebautes „Riff"
Biostratigraphie — altersmäßige Gliederung der Sedimentgesteine durch (Leit-)Fos-
silien (relative Datierung)
Biotop — Lebensstätte einer bestimmten Tier- und Pflanzengemeinschaft
Boreo-alpine Verbreitung — Verbreitung in den Alpen und in Skandinavien
Brachiopoden — Armfüßer (s. d.)
Brachyhalin — marines Gewässer mit vermindertem Salzgehalt (zwischen 17 und
30‰)
Brackisch — Gewässer mit Salzgehalt von 0,5 – 17‰
Breccie — Trümmergestein aus kantigen Gesteins- oder Fossiltrümmern, die durch
ein Bindemittel verkittet sind
Bryozoen — Moostierchen, Klasse der Tentaculata

Calpionellen — Einzeller (Protozoa: Tintinniden) des Oberjura und der Unterkrei-
de mit glockenförmigem Gehäuse
Capensis — pflanzengeographische Region: Kapland
Cardien — Meeres- und Brackwassermuscheln
Cathaysia — chinesischer Schild aus präkambrischen Gesteinen
Caytoniales — ausgestorbene Samenpflanzen (Pteridospermae)
^{14}C-Methode — s. Radiokarbonmethode
Coccolithineen — Kalkflagellaten; Skelett aus einzelnen Kalkscheibchen (Cocco-
lithen)
Congerien — Brackwassermuscheln
Conodonten — Bezeichnung für zahnähnliche Fossilien aus Kalziumphosphat; sy-
stematische Stellung nicht geklärt
Cordaiten — baumförmige Nacktsamer des Jungpaläozoikums mit lanzettförmigen
Blättern
Cytogenetik — Zweig der Genetik (Vererbungsforschung), der sich mit dem Zell-
kern (z. B. Chromosomen) befaßt

Decke, tektonische — durch Gebirgsbildung verschleppte, wurzellose Gesteinsein-
heit
Deflation (v. lat. flatus=blasen) — Abtragung durch den Wind
Diagenese (gr. dia=hindurch, genesis=Entstehung) — Vorgänge, die zur che-
misch-physikalischen Umbildung organischer und anorganischer Körper (z. B.
Sediment → Gestein, rezent → fossil) führen
Diamiktite — moränenähnliche Ablagerungen
Diapir — steilwandiger Salzkörper (Salzstock), der durch Aufdringen entstanden ist
Diatomeen — Kieselalgen
Disjunkte Verbreitung — nicht zusammenhängendes Verbreitungsareal von Tieren
und Pflanzen
Diskordanz — Schichtstörung durch Sedimentationspause (Erosion, Faltung usw.)
Dolerit — gangförmiges Ergußgestein

Effusivgestein — Ergußgestein (z. B. vulkanische Lava)

Eiszeiten (des Pleistozäns) — Günz, Mindel, Riss und Würm in den Alpen; Elster, Saale und Weichsel im nördlichen Mitteleuropa

Epikontinentale Meere — Flachmeere auf Festländern

Erosion (v. lat. erodere=ausnagen) — Abtragung durch Wasser

Eugeosynklinale — =„vollgeosynklinaler" Zustand einer Geosynklinale mit initialem Vulkanismus (vgl. Ophiolithe), z. B. penninische Trogfazies in den Alpen

Eurydesma — Muschelgattung

Eustasie-Prinzip — besagt, daß Meeresspiegelschwankungen u. a. durch Bildung oder Abschmelzen von Eiskappen erfolgen

Evaporite (v. lat. evaporare=ausdampfen) — chemische Ausscheidungen, die bei Eindampfung von Gewässern entstehen

Fanglomerate — Schlammbreccien in ariden Gebieten

Fazies (v. lat. facies=Gesicht) — Bezeichnung für verschiedene Ausbildung gleichaltriger Sedimente

Fennosarmatia — Ur-Europa

„Fit" — Paßform

Fluviatil — von Flüssen gebildet

Foraminiferen — Einzeller (Protozoa) mit Schale aus Kalk (z. B. Nummuliten, Fusulinen) oder Sandkörnern (z. B. Sandschaler)

Fossil — Bezeichnung für Reste von Organismen aus dem Präholozän

Fusulinen — Großforaminiferen des Jungpaläozoikums

Geochronometrie — Altersmessung der erdgeschichtlichen Epochen mittels physikalischer Methoden (z. B. Radiokarbonmethode) (=absolute Datierung)

Geokrate Perioden — Zeiten von Regressionen (s. d.)

Geopetalschichtung — korngrößenmäßige Schichtung

Geosynklinale — säkular sinkender, meist vom Meer bedeckter Sedimentationsraum

Glaukophanschiefer — metamorphe Gesteine der Epizone, meist aus vulkanischen Gesteinen entstanden

Glazial — Kalt- oder Eiszeit

Glossopteris — Farnsamergattung des Jungpaläozoikums

Glossopteris-Flora — für Gondwanakontinent charakteristische Flora im Jungpaläozoikum

Gondwanakontinent — einstiger Südkontinent, der Südamerika, Afrika, Madagaskar, Vorderindien, Australien und Antarktis umfaßte

Gosau-Schichten (nach Gosau in Oberösterreich) — Ablagerungen der Oberkreide in den Ostalpen

„Graded bedding" — Geopetalschichtung (s. d.)

Granulometrie — Messung der Korngrößen bei Sanden und Schottern

Graptolithen („Schriftsteine") — Reste ausgestorbener, mariner, koloniebildender Lebewesen mit chitinartigem Außenskelett. Meist zusammen mit den Pterobranchiern als Stomochordaten klassifiziert

Gravimetrie — Messung von Erdschwereunterschieden

Gravitation — Massenanziehung

Gutenberg-Störungszone — s. Benioff-Zone
Guyot — submariner Vulkankegelstumpf (benannt nach einem französischen Geologen)

Halbwertszeit — Zeitspanne, in der eine bestimmte Menge eines radioaktiven Elementes zur Hälfte zerfällt
Hangendes — Gesteine über einer bestimmten Schicht (Gegensatz: Liegendes)
„Haselgebirge" — Gemenge von Steinsalz und Ton
Holarktis — biogeographische Region: gemäßigte Breiten der nördlichen Hemisphäre
„Hot spots" — sog. heiße Flecken im Erdmantel
Humid — feucht (Klima usw.)
Hyaloklastische Gesteine — Glastrümmergesteine, die durch plötzliche Abkühlung einer Schmelze nicht kristallin, sondern glasig ausgebildet sind. Sie entstehen beim Aufdringen von Magmen unter Eisschilden
Hydrolytische Verwitterung — Spaltung chemischer Verbindungen unter Aufnahme von Wasser
Hydrozoen — Coelenteraten (Hohltiere; z. B. Süßwasserpolyp, Hydromedusen)

Iguanodonten — „Dinosaurier" aus der Ordnung der Ornithischia (z. B. *Iguanodon*)
Interglazial — Warm- oder Zwischeneiszeit
Interstadial — Warmzeit innerhalb einer Glazialzeit
Isostasie-Prinzip — betrifft Schweregleichgewichtszustand (Schwimmgleichgewicht) von Krustenschollen der Erdrinde; je höher die Gebirge, desto tiefer taucht der Sockel in den Erdmantel

Känozoikum — Erdneuzeit
Kalzit — Modifikation des Kalziumkarbonates ($CaCO_3$), widerstandsfähiger als Aragonit
Karbonatkompensationstiefe — Wassertiefe, ab der Auflösung von Kalkschalen beginnt
Kauliflorie — Stammblütigkeit (z. B. Kakaobaum, Lepidophyten)
Konglomerat — durch Bindemittel verfestigter Schotter
Konvektion — Übertragung von Energie (z. B. Wärme) durch Strömung
Kosmopolitisch — weltweit
Kryogen (n. gr. kryos = Eis) — erdgeschichtliche Perioden mit Eiskappenbildung im Polbereich
Kutikularanalyse — Analyse der Kutikula (Blatthäutchen) an der Oberfläche der Blätter

Laurasia — einstiger Nordkontinent (Nordamerika und Eurasien)
Laurentia — kanadischer Schild aus präkambrischen Gesteinen
Lebensspuren — Tätigkeitsspuren von Lebewesen (z. B. Fährten, Fraßspuren)
Lemuria — hypothetischer Kontinent, der Madagaskar und Vorderindien verbunden haben soll
Liegendes — Gestein unterhalb einer bestimmten Schicht (Gegensatz: Hangendes)

Limnisch — in Seen gebildet oder lebend

Lithologie (v. gr. lithos = Stein) — Gesteinskunde

Lithosphäre — Erdkruste und äußerer Erdmantel

Litoral (v. lat. litus = Ufer) — Küsten . . .

Lystrosaurus — Gattung der Therapsiden (Reptilien)

Magmatismus — sämtliche Erscheinungen, die das Magma und seine Bildung betreffen

Magnetostratigraphie — relative Altersdatierung von Sedimenten und Gesteinen durch magnetische Anomalien

Malvino-kaffrische Provinz — tiergeographische Provinz im Altpaläozoikum, die Teile Südamerikas und Afrikas umfaßt

Marin — meerisch

Megalodonten — Dachsteinmuscheln; oft großwüchsige Muscheln der Triaszeit

Melanopsiden — Brack- und Süßwasserschnecken

Meso-Europa — durch variszische Gebirgsbildung entstandener Anteil Europas

Mesozoikum — Erdmittelalter

„Messinian event" — Bezeichnung für Trockenphase des Mittelmeeres im jüngsten Miozän (Messinian) mit Evaporiten

Metamorphose — (Gesteins-)Umwandlung durch Hitze oder Druck

Mikropaläontologie — Zweig der Paläontologie (s. d.), der sich mit Mikrofossilien befaßt

Moränen — von Gletschern transportiertes und später abgesetztes Schuttmaterial

Nacktsamer (Gymnospermen) — Samenpflanzen, deren Samenanlagen nicht von Fruchtknoten umhüllt sind (z. B. Nadelbäume, Ginkgogewächse)

Nannoplankton — Kleinstplankton (z. B. Coccolithineen); Größe unter 40 μm

Nearktis — tiergeographische Subregion der Holarktis: Nordamerika

Neo-Europa — durch alpidische Gebirgsbildung entstandener Anteil Europas

Neotropis — biogeographische Region: Mittel- und Südamerika

Nummuliten — Großforaminiferen des Alttertiärs

Ökologie — Lehre von den Beziehungen der Lebewesen untereinander und zu ihrer Umwelt

„Old red sandstone" – mächtige, rote oder graue Sandsteine des Devons in England, Schottland, Kanada usw. kontinentaler Fazies entsprechend

Ophiolithe — (ultra)basische, submarine, grüne Eruptivgesteine

Orientalis — tiergeographische Subregion der Paläotropis: Südasien

Orogenese — Gebirgsbildung

    alpidische — in Meso- und Känozoikum

    kaledonische — im Altpaläozoikum

    variszische — im Jungpaläozoikum

Ostracoden — Muschelkrebschen

Oszillationsrippeln — Wellengangsrippeln im Gegensatz zu Strömungsrippeln

Paläobiochemie — Biochemie der Vorzeit

Paläoböden — fossile Böden

Paläo-Europa — durch kaledonische Gebirgsbildung entstandener Anteil Europas

Paläolimnologie — vorzeitliche Seenkunde

Paläomagnetismus — remanenter oder fossiler Magnetismus in Sedimenten und Gesteinen durch Einregelung von Eisenmineralien nach dem einstigen geomagnetischen Feld

Paläontologie — Wissenschaft von den Lebewesen der Vorzeit

Paläotemperaturmethode — physikalische Methode nach dem Verhältnis der Sauerstoffisotopen $^{16}O : ^{18}O$ in Kalkschalen von Organismen zur Bestimmung der Temperatur vorzeitlicher Gewässer

Paläotropis — biogeographische Region: Afrika (südlich der Sahara) und Südasien

Paläozoikum — Erdaltertum

Palynologie (v. gr. palynein = ausstreuen) — Pollen- und Sporenanalyse

Pangaea — sog. „Ur"-Kontinent (Laurasia und Gondwana) in Jungpaläozoikum und Trias

Paragenese — auf Bildungsvorgänge beruhendes Zusammenvorkommen von Mineralien in einem Gestein

Paralische Kohlenlager — in Küstennähe abgelagerte Kohlenlager (Gegensatz: limnisch)

Paratethys — nördliches Nebenmeer der Tethys im Känozoikum

Penninische Zone (nach den Penninischen oder Walliser Alpen in der Schweiz) — innere Zone der Westalpen, sog. Tauernfenster in den Ostalpen

Periglazial — von Dauerschnee nicht bedeckte Gebiete in der weiteren Umgebung von Gletschern

Petrogenese — Wissensgebiet, das sich mit der Entstehung der Gesteine befaßt

Phanerozoikum — Eokambrium, Paläo-, Meso- und Känozoikum

Phylogenie — Lehre von der stammesgeschichtlichen Entwicklung der Lebewesen

„Pillow lava" — (submarine) Kissen-Lava

Plankt(on)isch — im Substrat (z. B. Wasser) schwebend

„Plate tectonics" — Plattentektonik, erklärt Gebirgsbildungen durch Verschiebung von Platten der Lithosphäre

„Pleionic ocean" — Ural-Meer

Pleistozän — quartäre Eiszeit

Pluvialzeiten — pleistozäne Feuchtzeiten in den (Sub-)Tropen

Polar-Koinzidenz-Theorie — besagt, daß Eiszeiten nur dann eintreten, wenn ein Kontinent im Polbereich liegt

Postglazial — Nacheiszeit

Priele — Wasserrinnen im Wattenmeer

Proto-Atlantik — Vorläufer des Atlantiks im Paläozoikum

Proto-Pazifik — Vorläufer des Pazifiks

Proto-Tethys — Vorläufer der Tethys im Paläozoikum

Radiokarbon- oder ^{14}C-Methode — Methode zur absoluten Altersbestimmung mittels Zerfallszeit des Kohlenstoffisotopes ^{14}C (für maximal 50 000 Jahre zurückreichend)

Radiolarite — Gesteine, die Kieselgehäuse von Radiolarien (Einzellern) enthalten

Receptaculiten — ausgestorbene Kalkalgen

Regression — Zurückweichen des Meeres

Rezent — Bezeichnung für holozäne Reste von Organismen

„Rift valley" — zentraler Graben (der mittelozeanischen Rücken)

Rudisten — ungleichklappige, meist mit einer Klappe festgewachsene Muscheln der Jura- und Kreidezeit

Salinität — Salzgehalt

Sauropoden — „Dinosaurier" der Ordnung Saurischia (z. B. *Diplodocus, Apatosaurus, Brachiosaurus*)

Schelf(bereich) — von Flachmeeren bedeckte Teile zwischen Küste und Kontinentalhang

„Sea-floor spreading" — Meeresbodenverbreiterung

„Sea mounts" — untermeerische Erhebungen, meist vulkanischen Ursprungs

Sediment — Ablagerung

Seismik, Seismologie — Lehre von Bebenwellen, Erdbebenkunde

Serodiagnostik — Methode zur Bestimmung der Eiweißverwandtschaft anhand des Blutserums

Serpentinite — durch Serpentinisierung aus Peridotiten des Erdmantels entstandene Gesteine

Stratigraphie (v. lat. stratus=Schicht) — Schichtbeschreibung, Lehre von der Gliederung der Sedimentgesteine

Subduktion — Unterschiebung

Submarin — untermeerisch

„Surging"-Theorie — Theorie vom (periodischen) Ausfließen von Inlandeis zur Deutung des Wechsels von Kalt- und Warmzeiten während einer kryogenen Periode (z. B. Pleistozän)

Syngenetisch — gleichzeitig mit der Bildung von Sedimenten, Lagerstätten u. dgl. entstanden

Tektonik — Lehre vom Bau der Erdkruste und ihren Veränderungen (durch Gebirgsbildungen usw.)

Tethys — einstiges weltumspannendes „Mittelmeer"

Thalattokrate Perioden — Zeiten von Transgressionen (s. d.)

Tillit — vorzeitliche Gletschermoränen

Tilloide — moränenähnliche Gesteine

Trachyt — Ergußgestein, in Lava- oder Gangform

„Transform faults" — Horizontalverschiebungen besonderer Art

Transgression — Vordringen des Meeres über Kontinentalgebiete

Trigonien — Meeresmuscheln

Trilobiten — ausgestorbene, marine Gliederfüßer mit dreiteiligem Rückenpanzer

Turbidite — Ablagerungen von Trübeströmen

Ur-Europa — präkambrischer Anteil Europas (=fennosarmatischer Schild)

Verwerfung — Bruch mit vertikaler Verschiebung

Wallacesche Linie — tiergeographische Grenzlinie zwischen orientalischer und australischer Region östlich von Bali, Borneo und den Philippinen
Warven, Warvite — jahreszeitlich geschichtete Bändertone
Webersche Linie — tiergeographische Grenzlinie zwischen orientalischer und australischer Region, östlich von Wallacescher Linie verlaufend

Xylotomie — Holzanatomie

Quellenverzeichnis der Abbildungen

Abb. 2 — GERMAN, R.: Studienbuch Geologie, Stuttgart: Klett 1970

Abb. 3, 53, 63 — KAY, M., COLBERT, E. H.: Stratigraphy and Life History, New York: Wiley and sons 1965

Abb. 5, 8, 12, 42, 69, 71 — THENIUS, E.: Allgemeine Paläontologie, Wien-Eisenstadt: Prugg-Hollinek 1976

Abb. 10, 15, 18, 21, 24 — THENIUS, E.: Versteinerte Urkunden. Verständl. Wiss. Bd. 81, 2. Aufl. Berlin-Heidelberg-New York: Springer 1972

Abb. 11, 67 — MÜLLER, P.: Aspects of Zoogeography, The Hague: Junk 1974

Abb. 17 — KÜPPER, H.: Geologie von Wien, Wien-Berlin: Hollinek-Gebr. Borntraeger 1965

Abb. 19, 56 — PETTIJOHN, F. J., POTTER, P. E.: Atlas and Glossary of Primary Sedimentary Structures, Berlin-Göttingen-Heidelberg-New York: Springer 1964

Abb. 20 — PLÖCHINGER, B.: Erläuterungen zur geologischen Karte des Hohe-Wand-Gebietes (NÖ.), Wien: Geol. B.-Anst. 1967

Abb. 23 — TOLLMANN, A.: Analyse des klassischen nordalpinen Mesozoikums, Wien: Deuticke 1976

Abb. 25 — ZANKL, H.: Abh. Senckenberg. naturf. Ges. 519, Frankfurt 1969. ZAPFE, H.: Verh. geol. B.-Anst., Jg. 1962, Wien 1962

Abb. 26 — RICHTER-BERNBURG, G.: Z. dtsch. geol. Ges. 105, Hannover 1955

Abb. 29 — KING, Ph. B.: The Evolution of North America, Princeton: Univ. Press 1959

Abb. 31, 39, 49, 54, 65, 66 — SCHÖNENBERG, R.: Die Entstehung der Kontinente und Ozeane in heutiger Sicht, Darmstadt: Wiss. Buchges. 1975

Abb. 32, 35, 38, 57 — SEIBOLD, E.: Der Meeresboden, Berlin-Heidelberg-New York: Springer 1974

Abb. 33 — HEIRTZLER, J. R.: Scientific America 219, USA 1968. LE PICHON, X.: J. geophys. Res. 73, Richmond 1968. MORGAN, W. J.: Mem. geol. Soc. Amer. 132, Chicago 1971

Abb. 34 — OLIVER, J.: Amer. Assoc. Petrol. Geol., Bull. 56, Chicago: 1972

Abb. 37 — ALLAN, T. D.: Earth Sci. Rev. 5, 1969

Abb. 40 — BLACKETT, P. M. S., BULLARD, E., RUNCORN, S. K.: A Symposium on Continental Drift, London: Royal Soc. 1965

Abb. 43 — Nach einer Vorlage von PITMAN, W. C., LARSON, R. J. und HERRON, E. M. vom Lamont-Doherty Geological Observatory

Abb. 45 — MCKENZIE, D. P., SCLATER, J. G.: Geophys. J. Roy. Astron. Soc. 24, London 1971

Abb. 47 — WILSON, J. T.: Nature 211, London 1966. HARLAND, W. B.: Nature, 216, London 1967. JOHNSON, J. G., DASCH, E. J.: Nature, Phys. Sci. 236, London

Abb. 48 — Dercourt, J.: Bull. Soc. géol. France (7) **12**, Paris 1970

Abb. 50 — Pomérol, Ch.: Stratigraphie et Paléogeographie. Ère Cénozoïque, Paris: Doin 1973. Seneš, J., Marinescu, F.: Ve Congr. Néogène méditerr. Lyon 1971, **2**, Paris 1974

Abb. 51 — Thenius, E.: Paläontologie. Kosmos-Studienbuch, Stuttgart: Franckh 1970

Abb. 58 — Reineck, H.-E., Singh, J. B.: Depositional Sedimentary Environment, Berlin-Heidelberg-New York: Springer 1975

Abb. 59 — Thenius, E.: Eiszeiten – einst und jetzt. Kosmos-Bibliothek **284**, Stuttgart: Franckh 1974

Abb. 61 — McElhinny, M. W.: Palaeomagnetism and plate tectonics, Cambridge: Univ. Press 1973

Abb. 62 — Wilson, A. T.: Nature **201**, London 1964

Abb. 63, 64 — Heim, A.: Geologie der Schweiz I-III, Leipzig 1920

Abb. 68 — Neumayr, M.: Erdgeschichte II. Leipzig: Bibl. Institut 1887

Abb. 70 — Valentine, J. W., Moores, E. M.: Nature **228**, London 1970

Abb. 73 — Hallam, A. (ed.): Atlas of Palaeobiogeography, Amsterdam: Elsevier 1973

Abb. 74 — Middlemiss, F. A., Rawson, P. F., Newall, G. G.: Faunal Province in Space and Time, Liverpool (Seelhouse Press) 1973

Namen- und Sachverzeichnis

(Erdgeschichtliche Zeiteinheiten siehe Zeittafel auf S. 177)

Verständliche Wissenschaft